果园土壤重金属镉污染与植物修复

主 编／林立金 廖明安

副主编／梁 东 廖人燕 夏 惠 张芬琴

编 委／林立金（四川农业大学）　　　廖明安（四川农业大学）
（排名
不分先后）　　梁 东（四川农业大学）　　　廖人燕（雅安职业技术学院）

　　　　　夏 惠（四川农业大学）　　　张芬琴（河西学院）

　　　　　李红艳（四川农业大学）　　　李欣欣（四川农业大学）

　　　　　钟莉莎（四川农业大学）　　　宦云敏（四川农业大学）

　　　　　杨 柳（四川农业大学）　　　孙 静（四川农业大学）

　　　　　吴彩芳（四川农业大学）　　　黄科文（四川农业大学）

　　　　　王 迅（四川农业大学）　　　王 进（四川农业大学）

　　　　　邓群仙（四川农业大学）　　　吕秀兰（四川农业大学）

　　　　　刘 磊（成都市农林科学院）　孙国超（四川农业大学）

　　　　　汪志辉（四川农业大学）　　　唐 懿（四川农业大学）

 四川大学出版社

项目策划：许　奕
责任编辑：张　澄
责任校对：王　峰
封面设计：墨创文化
责任印制：王　炜

图书在版编目（CIP）数据

果园土壤重金属镉污染与植物修复 / 林立金，廖明
安主编. — 成都：四川大学出版社，2019.9
　ISBN 978-7-5690-3225-3

　Ⅰ．①果… Ⅱ．①林…②廖… Ⅲ．①果园－土壤－
镉－重金属污染－研究②果园－土壤污染－植物－生态恢
复－研究 Ⅳ．① X53

中国版本图书馆 CIP 数据核字（2019）第 274735 号

书名　果园土壤重金属镉污染与植物修复

主　　编	林立金　廖明安
出　　版	四川大学出版社
地　　址	成都市一环路南一段 24 号（610065）
发　　行	四川大学出版社
书　　号	ISBN 978-7-5690-3225-3
印前制作	四川胜翔数码印务设计有限公司
印　　刷	成都市金雅迪彩色印刷有限公司
成品尺寸	170mm×240mm
印　　张	8.75
字　　数	185 千字
版　　次	2020 年 1 月第 1 版
印　　次	2020 年 1 月第 1 次印刷
定　　价	48.00 元

四川大学出版社
微信公众号

前　言

　　土壤是人类赖以生存的物质基础和重要载体。随着工农业的发展，土壤重金属污染日益严重，镉已经成为污染面积较广的重金属元素之一。镉也是毒性较强的重金属元素之一，具有半衰期长、易迁移、不易降解等特点。镉在土壤中长期积累，不仅会影响植物的生长发育，还会通过食物链危害人体健康。因此，镉污染已经引起人们的高度重视和关注。

　　果园土壤作为果树生长所需的主要资源，近年来也受到重金属镉的污染。如何修复镉污染果园土壤已经成为环境科学界和园艺界共同研究的热点。鉴于此，本课题组近年来致力于果园土壤镉污染的植物修复研究，筛选出十几种镉超富集植物和镉富集植物，并利用果树栽培技术对筛选出的镉超富集植物和镉富集植物的修复能力进行提升，提高其对镉污染果园土壤的修复效率。这些筛选出的植物材料、研究方法与技术可为其他重金属的果园土壤污染修复研究提供参考。虽然这些技术还有待完善，但是随着研究的不断深入，它们必将展现出广阔的应用前景。

　　本书在国内外研究成果的基础上，总结了作者近十年来筛选出的果园土壤重金属镉污染的植物修复材料以及应用生长调节剂、秸秆还田、混种、嫁接等果树栽培技术措施的相关研究成果和经验，部分内容为国家自然科学基金项目（No：31560072）的研究工作。此外，本书在写作过程中参阅了大量的文献资料，因为篇幅限制，未能一一列出，在此一并致谢！

由于时间仓促，编者水平有限，错误与不当之处在所难免，敬请各位读者和专家给予批评指正。

编 者

2019 年 12 月

目　录

第一章 果园土壤重金属镉污染现状

第一节 土壤重金属镉的存在形式

镉（Cd）是一种生物非必需且具有很高毒性的重金属元素，在生态环境系统中具有很强的迁移性。在联合国规划署提出的 12 种具有全球性意义的危险化学物质中，镉被列为首位。自然土壤中的镉主要来源于成土母质，全世界土壤镉的含量一般在 0.010～2.000 mg/kg，中值为 0.350 mg/kg。由于我国不同区域地球化学条件差异显著，我国各区域土壤镉背景值含量差异较大，其范围为 0.001～13.400 mg/kg，中值为 0.079 mg/kg，平均值为 0.097 mg/kg，平均值低于日本（0.413 mg/kg）和英国（0.620 mg/kg），95％置信区间为 0.017～0.330 mg/kg（庞荣丽等，2016）。我国各地土壤镉的含量分布十分不均，土壤镉背景值含量超过全国均值的有 20 个地区，如：贵州省（0.015～2.977 mg/kg）、广西壮族自治区（0.005～1.263 mg/kg）、云南省（0.011～0.959 mg/kg）、湖北省（0.018～0.713 mg/kg），这些地区表层土壤镉浓度最大值远高于现行国家标准，属高背景值（赵晓军等，2014）。一般情况下，土壤中自然存在的镉不会对人类造成危害。土壤被镉污染时，由于土壤成分不均、化学反应复杂等，使土壤镉存在多种形态，有可交换态（包括水溶态）、碳酸盐结合态、铁锰氧化结合态、有机态和残渣态五种。镉的不同形态在一定程度上直接影响和决定了镉的生物有效性，进而影响植物对其的吸收。土壤对从大气中沉降和随水流迁移到土壤中的镉有较强的吸附力，吸附率在 85％～95％，吸附的镉一般停留在 0～15 cm 深的表层土壤，15 cm 以下镉浓度显著减少（吉玉碧，2006）。

第二节 果园土壤重金属镉污染的概况

一、我国土壤镉污染现状

镉污染是我国生态风险问题的重要原因之一。研究表明，我国每年排放到大气中的镉高达 2186 t（Xiao et al.，2013），燃煤排放的镉强度最高可大于 0.20 kg/km² （Tian et al.，2012）。估算每年进入土壤的镉高达 1417 t，其中来自大气沉降的镉高达 493 t，占总量的 35%；来自家畜粪便的镉高达 778 t，占总量的 55%；来自化肥的镉为 113 t，占总量的 8%；随灌溉水进入土壤的镉为 30 t，占总量的 2%（Luo et al.，2009）。在进入土壤的 1417 t 的镉中，每年通过各种途径能被带走的镉为 178 t，也就是说每年只有 13% 的镉被输出，而 87% 滞留在土壤中。以耕层 20 cm、土壤容重 1.15 g/cm³ 进行计算，土壤镉浓度年增 0.004 mg/kg。按照这个速度，从 1990 年的土壤背景值开始计算，50 年内所有耕地土壤中镉含量都将超过目前的土壤二级标准（0.3 mg/kg）（Luo et al.，2009）。以上数据表明了有大量的镉进入土壤。《全国土壤污染状况调查公报》显示耕地重金属污染点位超标率达 19.4%，其中主要以镉超标最为显著。镉的点位超标率为 7.0%，其中轻微污染、轻度污染、中度污染、重度污染的比例分别为 5.2%、0.8%、0.5%、0.5%（陈能场等，2017）。从污染分布情况看，南方土壤污染较重，北方土壤污染相对较轻。西南、中南地区土壤重金属含量超标范围较大，长江三角洲、珠江三角洲、东北老工业基地等部分区域土壤污染问题也较为突出。镉浓度分布呈现出从东北到西南、从西北到东南方向逐渐升高的态势（环境保护部等，2014；庞荣丽等，2016）。

二、果园土壤和果产品重金属镉污染调查情况

近些年来，在果树种植生产过程中，各种人为因素造成大量镉进入果园土壤系统造成土壤镉污染。目前我国许多地区果园土壤被镉污染，果园土壤镉浓度处于接近临界值甚至超标状态，特别是道路两旁、近城市、近工厂和矿区果园土壤的镉浓度更高。

关于我国果园土壤的重金属污染有不少调查和研究，以下是对我国部分受镉污染的果园的鉴定和调查。深圳市 23% 的果园土壤镉浓度超过国家三级土壤标准（郑茂坤等，2009）。葫芦岛市杨家杖子区多家个体钼矿周边果园土壤因采矿的影响已经受到重金属的严重污染，尤其是受镉、砷和汞的污染严重（肖振林等，2011）。陕西省咸阳市杨凌区果园土壤均出现镉、铅、汞和砷的积累，总体表现为中度污染（杨静等，2015）。新疆维吾尔自治区石河子葡萄主产区的 51 个

果园中有一半的果园土壤镉浓度达轻度污染级别（刘子龙等，2010）。长沙、株洲地区12个观光采摘葡萄园的土壤除砷和铅含量达标外，所有地区的土壤均受到镉、汞、铬不同程度的污染，其中镉污染程度最高（杨玉等，2017）。在广州市万亩果园土壤镉污染情况的调查分析中发现，其一级、二级和三级保护区果园镉污染分别达到了轻度、中度和重度污染程度（唐结明等，2012）。天津市北辰区韩家墅桃园、杏园土壤镉污染达重度污染，西青区大柳滩的葡萄园、梨园土壤镉污染达轻度污染（苏亚勋等，2016）。南京市葡萄园土壤的镉含量已接近绿色食品产地土壤污染警戒线（黄莹等，2018）。

近年来，果园土壤中的镉通过土壤—植物系统进行迁移，导致果产品的镉污染问题也有加重的趋势。四川省汉源县7个具有代表性的金花梨果园中，有2个果园的金花梨果实镉含量高于国家A级绿色果品生产的标准值（韩鹃等，2007）。浙江省杨梅果实的镉和汞元素已出现超标情况（程晓建等，2006）；香港、广州市场上销售的阳桃中有51%的镉含量超标（Li et al.，2007）。由此可见，我国各地、各种类型的果园土壤和果树已遭受不同程度的镉污染，较为严重的需及时治理。

第三节　果园土壤重金属镉污染的特点

土壤环境的多界面、多介质、多组分、非均一性和复杂多变的特点，使得对土壤镉污染的治理有一定难度。果园土壤遭受镉污染后具有以下四个特点：（1）隐蔽性和滞后性。土壤的镉污染情况，往往要通过对土壤样品进行分析化验和对农作物中的残留量检测以及对摄食的人或动物的健康检查才能揭示出来，从遭受污染到产生效应是一个漫长的过程（陈印军等，2014）。（2）累积性和地域性。镉在土壤中易被吸附，不像在水体和大气中那样容易扩散和稀释，因而容易不断累积而达到很高的浓度，从而使土壤镉污染具有很强的地域性特点（陈凌，2009）。（3）不可逆转性。被镉污染的土壤很难通过自然过程从土壤环境中稀释或消失。镉对生物体的危害和对土壤生态系统结构的影响不容易恢复，并且伴有新老镉污染并存的现象（徐良将等，2011）。（4）治理难且周期长。土壤一旦被镉污染，仅仅依靠切断污染源的方法很难自我修复，必须采取各种有效的治理措施才能消除污染，而现在的治理方法存在治理成本较高和周期较长的问题（任秀娟等，2015）。

第四节　果园土壤重金属镉污染的主要来源

土壤是供给果树生长的基质，为果树提供了生长发育所需的各种营养物质，同时也是镉主要存在的地方，而造成果树树体和果实镉污染的各因素中也以土壤最为重要。造成果园土壤镉污染有许多原因，一是成土母质本身含有镉元素。母质不同，形成的土壤镉元素浓度高低各不相同，这与不同地域的地质背景有关（Zupan et al.，2000；赵晓军等，2014）。二是人类的工业、农业生产活动，这是造成果园土壤镉污染的首要原因。人类的工业、农业生产活动归结起来主要有：污水灌溉、工矿企业活动、交通运输和农业投入品的使用。

一、污水灌溉

大量含有镉元素的污水未经处理或处理不达标就排放，并成为灌溉水源，致使其中的镉元素随着污水灌溉进入土壤，从而造成污灌区果园内的土壤镉浓度逐年增加。据统计，我国农田污灌面积已达 3.33×10^6 hm²，由于灌溉不当而使 6.67×10^6 hm² 农田受到不同程度的污染，特别是镉污染情况不容乐观（沈倩等，2015）。利用污水灌溉已成为农业灌溉的重要方式，以北方旱作地区污灌最为普遍，约占全国污灌面积的 90% 以上，最终导致土壤中汞、镉、砷、铜等重金属浓度的增加（吴迪梅，2003）。

二、工矿企业活动

（一）工业废气排放

工业废气中含有各种元素，特别是使用含镉原材料的相关工业排放的烟尘和废气中含有较高浓度的镉，其最终通过自然沉降和雨淋沉降进入土壤。如武汉市重工业基地周边的土壤镉浓度超标，且高出其母质土壤镉浓度的 5 倍（李晶等，2018）。

（二）工业废弃物堆放

在一些重工业城市，特别是冶炼厂和涉及含镉物料处理的企业，在其固体含镉废弃物在堆放或处理过程中，由于受日晒、雨淋、水洗等的影响，镉以辐射状、漏斗状向周围土壤扩散。固体含镉废弃物也可以通过风的传播而使污染范围扩大，这些含镉的超细物料被扩散至厂界周围（曾咏梅等，2005），尤其处于工业区下风方向的土壤镉浓度高于其他方向的土壤。它们中的一部分被植物吸收，在果树果实和枝叶上大量积累，对果树造成严重的毒害（Ivonin et al.，1991；Ligocki et al.，1988）。

（三）工业废水排放

由于大量含有镉元素的工业废水未经处理或处理不达标就排放，致使其中的镉元素随着工业废水排放进入土壤，从而造成了果园土壤镉浓度逐年增加，这已成为镉进入果园土壤的主要途径之一（沈倩等，2015；吴迪梅，2003）。

三、交通运输

对公路边重金属沉降情况的相关分析表明，汽车尾气的排放及汽车轮胎磨损能产生的大量含镉的有害气体和粉尘对公路旁的植物与土壤造成镉污染（李波等，2005；林海等，2014）。在陇海铁路郑商段路两侧 300 m 范围内，表层土壤中重金属浓度明显高于当地土壤镉的背景值，综合污染等级为重度污染（符燕，2007）。成绵高速公路两侧土壤的镉单项污染指数介于 2.2～4.35，平均单项污染指数为 3.18，污染等级为重度污染（罗娅君等，2014）。沈阳至大连高速公路沈阳、辽阳、鞍山、营口和大连段两侧在距路肩 250 m 范围内，土壤镉有不同程度的累积，最大污染指数为 2.42，污染等级为中度污染（甄宏，2008）。法国索洛涅地区 A71 号高速公路沿途土壤镉污染严重，其浓度已超过当地土壤背景值的 2～8 倍（沈倩等，2015）。公路两侧果园土壤受汽车尾气中重金属的影响，靠近公路的苹果样品中重金属的含量高于较远离公路的样品（赵佐平，2015；甄宏，2008；郝变青等，2015）。

四、农业投入品的使用

研究显示，我国磷肥的镉含量为 0.10～2.93 mg/kg。其中，普通过磷酸钙的镉含量为 0.10～2.93 mg/kg，钙镁磷肥的镉含量为 0.10～0.18 mg/kg（鲁如坤等，1992）。施用过磷酸钙后土壤镉浓度高出施用前 3.4～38.6 倍（刘树堂等，2005），且施用过磷酸钙的土壤镉含量高于施用钙镁磷肥的土壤（王美等，2014）。新西兰曾有报道，通过 50 年连续监测同一样点的 58 个土样，发现施用磷肥后，土壤镉浓度从 0.39 mg/kg 上升至 0.85 mg/kg（Taylor，1997）。据西方国家估计，人类活动对土壤镉浓度的贡献中磷肥占了 54%～58%，因此大量长期施用磷肥会导致土壤镉浓度的增加（曾咏梅等，2005）。

以畜禽粪便等为原料堆制成的有机肥中也含有较多的重金属，施用猪粪、羊粪、鸡粪这 3 种畜禽有机肥均可使典型蔬果地土壤剖面镉元素呈现较为明显的生物表聚现象（潘霞等，2012），施用 15 t/hm² 规模化养殖场的猪粪堆肥能显著增加土壤镉浓度（倪中应等，2017）。

污泥是污水处理的副产物，其中含有大量的有机物、丰富的氮磷等营养物质，因而污泥堆肥成为一种较为经济的处理方法（王新等，2003）。然而，污泥中也存在大量的镉元素，施用到果园后会造成果园土壤的镉污染（Fuentes et al.，2008）。

阿维菌素、己唑醇等农药中均含有不同程度的镉，进入土壤后会造成土壤镉污染。研究表明，与肥料、污水灌溉等相比，农药对土壤重金属的贡献率较低（Xiao et al.，2013）。随着农药喷洒，会有部分重金属直接吸附到植物体表面，最终被植物体吸收（先惠等，2013）。因此，含镉农药的施用不仅会对果园土壤造成镉污染，而且会对果树产生直接污染。

农用塑料薄膜在生产过程中会用到热稳定剂，而热稳定剂中含有镉，因而，随着塑料大棚和地膜覆盖技术的大量应用，也可能使镉在土壤中积累，造成土壤质量下降（于立红等，2013；庞荣丽等，2016）。

第五节　果园土壤重金属镉污染的危害

镉污染对果园的危害包括对土壤的危害、对果树的危害和通过食物链影响人体健康三个方面。

一、对土壤的危害

土壤镉元素的过度积累将使土壤结构及其理化性质受到破坏，抑制土壤酶活性，危害土壤动物和微生物。被镉污染土壤的土壤脲酶、土壤蛋白酶、土壤蔗糖酶、土壤淀粉酶、土壤多酚氧化酶、土壤过氧化物酶和土壤碱性磷酸酶活性均明显低于未被镉污染的土壤（He et al.，2000）。土壤镉给土壤动物和微生物的生存繁衍带来严重威胁，随着镉浓度的增加，土壤中微生物的总量大幅降低，导致土壤肥力下降，进而导致果树产量降低、品质下降（赵春燕等，2001）。

二、对果树的危害

镉污染对果树的危害反映在以下两个方面：一是危害果树营养生长。随着土壤镉浓度的增加，草莓叶片生长受到显著抑制（Cieśliński et al.，1996）。当镉浓度增大时（≥25 mg/kg），草莓的根系生长受到抑制，根系由长变短，由白变褐直至变黑；叶片褪绿、黄化、提前衰老，植株矮小、长势弱（曹仕木等，2003）。又如当培养液中镉浓度大于 10 mg/kg 时，苹果幼苗的叶绿素总量、叶绿素 a 含量和叶绿素 b 含量显著下降（谷绪环等，2008）。二是危害果树生殖生长。镉处理后，草莓的结果数减少，总果重随着镉浓度的增大而降低，果实的维生素 C 含量和矿质元素含量降低，镉含量增加，使得草莓的果实品质降低（曾咏梅等，2005；曹仕木等，2003）。此外，镉还能抑制苹果花粉萌发和花粉管伸长（Munzuroğlu et al.，2000），也可使柑橘表现为"紫血焦"（庄伊美，1994）。

三、通过食物链影响人体健康

果树果实中镉含量与土壤镉浓度呈极显著正相关，当土壤镉浓度较高时，果实中镉含量就会超过国家食品卫生标准规定的 0.30 mg/kg。人体摄入过量的镉产品会引起身体各器官一系列的病变，可引发以骨矿密度降低和骨折发生概率增加为特征的骨效应；镉还可损害血管，导致组织缺血，引起多系统损伤，导致高血压，引起心脑血管疾病（Alfven et al.，2002）。对日本镉污染区的研究表明，人体镉含量与死亡率之间存在某种因果联系（丛泽等，2008）。

第二章　果园土壤重金属镉污染的修复方法

土壤重金属污染修复原则以预防为主，综合修复为辅。目前，修复镉污染土壤的方法主要基于两种策略：一种是固定化，通过改变镉在土壤中的存在形态，使其固定下来，以此来降低其在土壤环境中的迁移性和生物可利用性，从而降低其风险；另外一种是去除化，通过各种方式将土壤中的镉去除，达到清洁土壤的目的。世界各国围绕这两种策略产生了不同的修复方法，主要包括工程技术措施、物理修复措施、化学修复措施、生物修复措施和农业生态修复措施。在实际应用中，一般根据土壤镉污染程度、镉存在形态以及土壤特性等情况选择合适的方法进行修复，以达到较高修复的效率（顾继光等，2003）。

第一节　工程技术措施

客土、换土、翻土和去表土被认为是治理土壤镉污染的 4 种治本的工程技术措施。客土是在污染土壤上加入未污染的新土；换土是将已污染的土壤移去，换上未污染的新土；翻土是将污染的表土翻至下层；去表土是将污染的表土移去（丁园，2000）。通过这些方法使耕作层土壤镉浓度降至临界浓度以下，或减少镉与植物根系的接触而达到控制危害的目的。

小面积镉污染严重的土壤采用客土法比较适用，且治理效果显著。英国、荷兰、美国等国家最早应用此方法。对于客入的土壤，质地应较黏重或有机质含量高，以增加土壤容量，减少客土量（汪雅各等，1990）。镉污染土壤去其表土 15、20 和 30 cm 后再加客土，随着去表土厚度的增加，农产品被污染程度降低（丁园，2000）。深耕、深翻土壤可使积聚在表层的镉分散到更深的土层，使镉污染土壤与植物根系有一定的距离，降低镉污染土壤的危害性（丁园，2000）。

土壤镉污染修复措施中的工程技术措施是比较经典的，仅适于修复面积较小的镉污染土壤，其效果显著，但因并没有真正将镉污染从土壤中去除，具有潜在的危害性，且实施工程量大，投资费用高，同时恢复土壤结构和肥力所需时间较长，对换出的土壤存在渗漏以及二次污染的可能（廖玉芬，2016）。

第二节　物理修复措施

物理修复措施修复土壤镉污染的主要方法有：电化法、淋洗络合法和原位玻璃化技术等。

一、电化法

电化法是由美国路易斯安那州立大学研究出的一种净化土壤污染的方法，也可称为电动修复。目前该技术已应用于被铜、镉、铅、锌等重金属污染土壤的修复。该方法的原理是，在水分饱和的污染土壤中插入一些电极，然后通入低强度的直流电，金属离子在电场的作用下进行电迁移、电渗流、电泳等过程，在电极附近富集，最后将重金属富集于电极附近，再采取弱化重金属毒性的相应措施，从而达到清除重金属的目的（顾继光等，2003）。然而，该方法不适合于镉污染沙性土壤，仅适用于低渗透的黏土和淤泥土。电化法修复是一种不搅动土层的原位修复技术，修复时间较短，比较经济可行。

二、淋洗络合法

淋洗络合法是用淋洗液淋洗镉污染的土壤，再用络合或沉淀的方法，使土壤中的镉被去除，具体实施时又可分为洗土法、堆摊浸滤法和冲洗法 3 种。淋洗络合法中试剂的选择是重点，可用螯合剂、表面活性剂、有机助溶剂以及一些阴离子溶液将镉从土壤中解吸并洗脱出来，再提取回收镉。目前，常用的淋洗液有乙二胺四乙酸（EDTA）、柠檬酸、乙酸、二乙基焦磷酰胺（DEPA）等。将EDTA用于水田或旱地（土壤镉浓度分别为 10.4 mg/kg 和 27.9 mg/kg），淹水或小雨淋洗（水量以能达到根层以外又未达到地下水为宜），清洗一次可使耕层土壤镉浓度降低 50% 左右。用 EDTA 淋洗铜和铅、锌、镉复合污染土壤，重金属去除率约为 53%、26% 和 52%（Pociecha et al.，2010）。美国曾对 4 个被砷、镉、铬、铜、铅和锌污染的土样用酸淋洗法进行治理，也取得了良好的效果。此法适合砂土和砂壤土等透水性好、镉污染面积较小的土壤，不适用于黏质土壤。淋洗法对镉污染土壤的治理效果较好，但易造成地下水污染，同时也会使土壤中的营养元素流失和沉淀，造成土壤肥力下降（刘磊等，2009）。

三、原位玻璃化技术

原位玻璃化技术是通过在污染土壤插入电极，对污染土壤固体组分给予 1600℃～2000℃的高温处理，使重金属得以挥发或热解，从而从土壤中去除。1991 年，美国爱达荷州工程实验室把各种重金属废物（银、钡、镉、硒等）及挥发性有机组分埋于地下 166 m，采用原位玻璃化技术进行处理后，达到了治理效果，证明了原位玻璃化技术的可行性。原位玻璃化技术能使重金属形成结构稳定、很难被降解的玻璃类物质，但其成本高昂，广泛应用较困难（鲍桐等，2008）。

第三节　化学修复措施

化学修复措施修复镉污染的方法主要有：固化技术、新型化学吸附固定修复材料等。

一、固化技术

固化技术是将一定比例的镉污染土壤与固化剂（也称钝化剂）进行混合，降低镉在环境中的生物有效性和迁移能力。固化技术的原理主要是通过改变土壤性质来降低土壤镉的生物有效性，具有沉淀固定、吸附和离子交换、拮抗、螯合等作用。常用的固化剂有无机固化剂和有机固化剂两大类。无机固化剂是当前种类最多、使用量最多的一类固化剂。根据理化性质与来源，无机固化剂又可以分为碱性物质（石灰、粉煤灰等）、含磷物质（无机磷肥、无机磷酸盐等）、黏土矿物（沸石、海泡石、膨润土、凹凸棒石等）和工业废弃物 4 大类。有机固化剂主要有禽畜粪便、作物秸秆、泥炭、豆科绿肥、堆肥、天然提取高分子化合物等。

（一）沉淀固定作用

大多数固化剂通过沉淀固定作用来降低土壤镉的生物有效性，从而降低植物对其的吸收。施用碱性物质（如石灰、生物质炭等）可提高土壤 pH 值，降低土壤镉的溶解度和生物有效性（Hoods et al.，1996）。南方酸性土壤中按 0.7% 比例添加石灰 30 d 后，土壤中有效态镉浓度降低了 28.17%（赵小虎等，2007）。此外，当土壤中施入含碳酸根离子、硅酸根离子、氢氧根离子等的固化剂时，镉离子可与这些阴离子发生作用生成难溶的碳酸镉、硅酸镉、氢氧化镉等沉淀，土壤镉的生物有效性降低，从而减少植物对其的吸收（屠乃美等，2000）。

（二）吸附和离子交换作用

沸石等黏土矿物具有很强的离子交换吸附能力，可通过离子交换吸附和专性吸附来吸附镉离子，降低土壤镉的生物有效性，如纳米沸石能显著降低土壤有效态镉浓度（熊仕娟等，2015）。另外，施用石灰可通过提高土壤 pH 值，增加土壤胶体表面的负电荷，增强对镉离子的吸附，降低土壤镉的生物有效性（杜彩艳等，2008）。生物炭是一种含碳量高、孔隙密度大、吸附能力强的多用途材料，能明显降低土壤中有效态镉的浓度，减少植物对镉的吸收（Yousaf et al.，2016；高译丹等，2014）。赤泥是在铝土矿提炼氧化铝的过程中产生的废弃物，对镉的吸附容量高达 22.25 g/kg（Liu et al.，2007），可明显提高酸性土壤的 pH 值，使土壤有效态镉浓度降低 24.9%（刘昭兵等，2010）。

（三）拮抗作用

镉能与许多营养元素包括锌、硒、铜、锰、铁、钙、钾、磷、氮等产生相互作用，它们之间表现出协同、拮抗或无直接关系。当土壤镉浓度较高，污染较为严重时，可利用其他对植物无危害或危害较轻的微量元素拮抗镉元素。镉离子与锌离子具有相似的外层电子结构，镉和锌通常是伴生的，具有相似的化学性质和地球化学行为，因而锌具有能拮抗镉被植物吸收的特性。可向镉污染土壤中加入适量锌，调节镉锌比，以抑制植物对镉的吸收，减少镉在植物体内的富集（周启星等，1994）。石灰中的钙离子也能与镉离子发生拮抗，降低土壤镉离子的生物有效性。拮抗法虽可减轻镉离子对植物的毒害，但同时也会使土壤中另外一些离子的浓度升高，造成另一种元素的污染或复合污染等（朱奇宏等，2009）。

（四）螯合作用

螯合剂是一种含有多齿状配位基的高分子化合物，可打破镉离子与土壤固相的结合，将镉离子从土壤固相中解析出来，增加土壤溶液中的镉离子浓度，提高镉离子的生物有效性，增强植物提取的效果。螯合剂一般分为天然的低分子量有机酸螯合剂和多羧基氨基酸类螯合剂（宋宾涛等，2017）。另外，螯合剂含有大量的氨基、亚氨基、酮基、羟基及硫醚等有机配位体，能与镉离子络合形成难溶的络合物，从而降低镉离子的生物有效性。研究发现，镉在土壤中可以与有机质中的羧基、疏基形成络合物，从而减轻对环境造成的危害（Karlsson et al.，2007）。

二、新型化学吸附固定修复材料

随着材料科学的不断发展，微米材料、纳米材料、聚丙烯酸盐等，由于具有更强的吸附能力和水热稳定性，成为国际研究的热点和前沿。微米级生物炭能显著降低土壤中硝酸铵浸提态镉浓度和增加残渣态镉比例。纳米羟基磷灰石不仅能显著促进镉的非残渣态向残渣态转化，还能提高微生物多样性指数。用沉淀法合成的纳米级土壤氧化矿物能更好地吸附土壤镉。聚丙烯酸盐能显著降低土壤水溶性镉的浓度，同时还能增加微生物数量和提高土壤酶活性（何飞飞等，2012）。

化学修复不是一种永久性的修复措施，是在土壤原位上进行的，只是改变了镉在土壤中的存在形态，镉依旧存在于土壤中，因而要对土壤进行长期的监测，防止镉再次对植物造成危害。

第四节　生物修复措施

生物修复是一种经济、高效、环保和绿色的技术措施。生物修复利用生物的生命代谢活动和某些习性来适应、抑制和改良镉污染土壤，降低土壤镉浓度或者使其转化为对环境无害的物质。生物修复主要包括微生物修复、动物修复和植物修复。

一、微生物修复

微生物在修复重金属污染的土壤方面作用特殊，其作用形式包括微生物吸附、微生物胞外沉淀、微生物转化、微生物累积、微生物摄取和微生物外排等。通过这些作用，一方面微生物可以降低土壤中重金属的毒性，并吸附积累重金属；另一方面通过改变植物根系微环境，从而改变植物对重金属的吸收、挥发或固定（徐良将等，2011）。研究发现，木霉、小刺青霉和深黄被孢霉即使在 pH 值很低的情况下，对镉、汞的富集作用仍很强（Ledin et al.，1996）。绿藻和小球藻吸附镉的最高量可达初始浓度的 98%（况琪军等，1996；王保军等，1996）。从酿酒废水中分离出的 33 个酵母菌株中，红酵母类对镉有较强的吸附力（李明春等，1998）。柠檬酸菌分解有机质产生的 HPO_4^{2-} 能与镉形成 $CdHPO_4$ 沉淀（崔德杰等，2004）。微生物的代谢产物，如 S^{2-}、PO_4^{3-} 能与 Cd^{2+} 反应生成沉淀，降低镉的毒性（薛高尚等，2012）。丛枝菌根真菌菌丝产生的球囊霉素相关土壤蛋白（GRSP）是一种含金属离子的专性糖蛋白，可以络合镉（王玲等，2012）。利用菌根与超富集植物的协同作用，在促进超富集植物生长的同时也能显著提高对镉的富集能力（黄文，2011；de Andrade et al.，2005；de Andrade et al.，2008）。

二、动物修复

动物修复是利用某些低等土壤动物（如蚯蚓和鼠类等）体内存在的金属硫蛋白（能与镉结合形成低毒或无毒的络合物）和代谢产生的一些含—SH 的多肽（如 PC）与镉螯合，将镉富集于土壤动物体内而对土壤动物不造成毒害，在一定程度上能降低污染土壤中镉的比例，达到动物修复镉污染土壤的目的。研究表明，蚯蚓对镉有较强的富集作用，且富集量随着蚯蚓培养时间的延长而逐渐增加（寇永纲等，2008；伏小勇等，2009；敬佩等，2009），特别是威廉环毛蚯蚓对镉、汞和铜具有很强的富集作用（陈志伟等，2007）。此外，在镉污染条件下，蚯蚓可以提高菌根在植物根系上的侵染率，所以蚯蚓和菌根对镉修复具有协同作用（成杰民等，2005；成杰民等，2006）。

三、植物修复

植物修复由 Chaney 首次提出，指通过利用特定的植物吸收、降解、固定、富集重金属，降低土壤重金属的浓度，从而修复被重金属污染的土壤。与传统的修复方法相比，植物修复具有绿色、环保、经济等优势。广义的植物修复是指利用植物去除土壤、水体或空气中的重金属及有机污染物的技术，包括植物稳定、植物挥发、根际过滤和植物提取等；狭义的植物修复主要指植物提取（Marques et al.，2009；Fulekar et al.，2009）。

（一）植物稳定

植物稳定（Phytostabilisation）主要通过植物根系形成的微生物圈累积、沉淀重金属或转化重金属形态，或通过根表面吸附作用固定重金属，以降低重金属的生物有效性及迁移性，将重金属转化为相对环境友好的形态，降低重金属渗漏污染地下水和向四周迁移污染周围环境的风险（Erakhrumen，2007）。植物稳定作用的主要原理是通过改变植物根际环境的 pH 值和氧化还原电位，使重金属在植物根系被积累、沉淀或吸收，从而促进土壤中重金属的固化（邢艳帅等，2014）。目前该技术主要应用于矿山废弃地、城市垃圾填埋场、污水处理厂污泥和各种污染土壤的修复（Raskin et al.，1997）。植物稳定只是一种原位降低重金属污染物生物有效性的途径，并不能彻底去除土壤中的重金属，随着土壤环境条件的变化，被稳定下来的重金属可能重新释放而进入循环体系，重金属的生物有效性可能也随之改变，从而重新危害环境，因此其在实际应用中受到一定的限制（王海慧等，2009；鲍桐等，2008）。

（二）植物挥发

植物挥发（Phytovolatilization）是利用植物自身具有的吸收、富集和挥发功能，通过根系吸收金属，将其转化为可挥发的形态，通过植物的蒸腾作用释放到大气中，以降低土壤污染程度。目前这方面的研究主要集中在气化点比较低的重金属元素汞和非金属硒（Rugh et al.，1996；Banuelos et al.，1997）。植物挥发只是改变了重金属存在的介质，将土壤中的污染物转移到大气中，可能造成大气污染，同时，当这些元素与雨水结合，又散落到土壤中，容易造成二次污染，重新对人类健康和生态系统造成威胁。

（三）根际过滤

根际过滤（Rhizofiltration）是通过利用耐性植物根系特性，改变根际环境，使重金属的形态发生改变，然后通过植物根系的吸收、积累和沉淀作用，使重金属保持在根系，减少其在土壤中的迁移性的方法（Dushenkov et al.，1995）。该方法通常适用于农业径流、工业废水或含放射性核素如铀、铯或锶污染的水体（Suresh et al.，2004）。用于根际过滤的植物除了对重金属要有很强的富集能力，还应该具有较大的根系表面积，用于过滤水体中的重金属，如水葫芦、浮萍等（陈兴兰等，2010）。

（四）植物提取

1. 植物提取的概念及材料

植物提取（Phytoextraction）又名植物萃取，是利用对重金属具有较强富集能力的超富集植物或富集植物吸收土壤或水体中一种或多种重金属污染物，然后将其转移、贮存到植物地上部分，随后通过收割地上部分并进行集中处理，达到降低土壤或水体中重金属污染物浓度的目的（陈婧等，2011；Tangahu et al.，2011）。

植物提取技术应用的关键是筛选具有重金属超富集能力的植物材料，即超富集植物。超富集植物应具有以下特征：（1）在污染地生长旺盛，能正常完成生活史。（2）在同一生长条件下，植物地上部分的重金属积累量应高于普通植物的100倍，且其临界含量能达到某一特征值。植物的新陈代谢过程会不断吸收和排泄进入体内的污染物质，当其达到动态平衡时，植物不再吸收，这时积累的污染物含量达到了一个最大值，称为临界含量。超富集植物临界含量值分别为锌、锰10000 mg/kg，镉 100 mg/kg，金 1 mg/kg，铅、铜、镍、钴、砷均为1000 mg/kg（Baker et al.，1989）。（3）要求超富集植物的富集系数大于1。富集系数=植物体内重金属含量/土壤重金属浓度（Zhang et al.，2011）。富集系数反映了植物积累重金属能力的强弱，其值越大代表积累能力越强。由于土壤污染程度的不同，超富集植物的积累量不可能在任何条件下都能达到超富集植物应达到的临界含量标准值，特别是当土壤重金属浓度相当低时，所以超富集植物富集系数大于1至少是在土壤重金属浓度与临界含量标准相差不大时才能成立的。（4）转运系数=茎叶重金属含量/根系重金属含量（Rastmanesh et al.，2010）。转运系数反映了植物将根系重金属转移到地上部分的能力的强弱，其值越大代表转运能力越强。普通植物体内根系重金属含量一般大于地上部分重金属含量，超富集植物的表现却与此相反，一般要求超富集植物的转运系数应大于1。

某些植物虽然体内重金属含量未达到超富集植物标准，但其生物量大、转运能力强，单位时间内其地上部分也能富集大量重金属。因此，聂发辉（2005）提出了新的评价系数：生物富集量系数和转运量系数。生物富集量系数=单位时间内单位面积植物地上部分吸收的重金属总量/土壤重金属浓度；转运量系数=植物地上部分吸收的重金属总量/植物根系部分吸收的重金属总量。生物富集量系数用于表示植物对重金属的富集能力，同时也能反映植物对污染环境的适应性。转运量系数则能够较好地反映植物生长量和吸收量在地上和地下器官的分布规律。

根据现实需要，理想的超富集植物还应具有以下特点（杨启良等，2015；

Shah et al.，2007）：（1）即使在污染物浓度较低时也有较高的积累能力，尤其是在接近土壤正常重金属浓度水平的情况下，植株仍具有较高的吸收能力，且转运能力较强。（2）分布广泛且适应性强，能够在不同生态区正常生长。（3）最好能同时积累几种重金属。（4）生长迅速，生长周期短，生物量大。（5）能反复种植、多次收割。（6）具有较强的抗病虫害的能力。

2. 植物提取的分类

植物提取又分为连续性植物提取（Continuous phytoextraction）和诱导性植物提取（Induced phytoextraction）（Chaney et al.，1997）。

连续性植物提取一般是通过植物（主要是指超富集植物）的一些特殊生理、生化过程，不断地吸收、运输和积累高浓度的重金属，这种提取过程贯穿于植物整个生命周期。该技术提取土壤污染物的过程由4部分组成（杨启良等，2015）：（1）土壤重金属污染物释放，不同形态的土壤重金属污染物相互作用和转换后达到平衡状态，转换为容易被植物根系吸收的形态。（2）根系对重金属离子的吸收。（3）重金属以离子形态从根系向地上部分运输。（4）植物地上部分累积重金属离子。该技术适合于从污染的土壤中去除如镉、铅、镍、铜、铯、钒或土壤中过量的营养物质如硝酸铵等（王华等，2006）。由于该技术能将土壤中的重金属转移到植物地上部分，通过收割植物地上部分并集中处理能够将重金属从土壤中提取出来，长期种植并收割后必然能降低土壤重金属浓度，因此这是目前研究最多且最有发展前景的一种植物修复技术（Ouyang，2002）。

诱导性植物提取或称利用螯合剂辅助的植物提取（Chelate-assisted phytoextraction），一般指在植物生命周期的某一时期通过加入螯合剂来提高重金属的生物有效性，诱导植物超量积累重金属，提高其地上部分的积累量。但是，由于螯合态的重金属化合物是水溶性的，在大田作业时会发生淋洗作用，进而带来新的土壤环境安全及健康问题（骆永明，2000）。诱导性富集植物的提取修复包含两个阶段，先是将土壤中的镉由束缚态转化为非束缚态，然后将镉向植物可收获的地上部分运输。植物修复过程中通过添加螯合剂，如一些人工合成的螯合剂EDTA、DTPA、CDTA、EGTA及柠檬酸，能明显促进镉和铅在植物体内的积累和向地上部分的运输（冯春雨等，2010）。EDTA、EGTA、DTPA和柠檬酸4种螯合剂都能显著改变土壤镉的赋存形态，增加有效态镉的百分比，改善镉的生物有效性（郑明霞等，2007）。

3. 植物提取的应用

对于镉污染土壤，植物提取修复是目前研究最多、也最具发展前景的植物修复方式之一。植物提取修复镉污染土壤的效果取决于土壤、镉和植物三者之间的关系。超富集植物修复的效益取决于植物地上部分镉含量及其生物量。就镉超富集植物而言，十字花科遏蓝菜属的天蓝遏兰菜（*Thlaspi caerulescens*）是目前公认的镉超富集植物之一（Lombi et al.，2000；Baker et al.，1989）。在镉污染浓度为 1020 mg/kg 的土壤中生长一个月后，天蓝遏兰菜叶片镉含量达到 1800 mg/kg，另外在此污染浓度下正常生长的天蓝遏兰菜地上部分平均镉含量为 1640 mg/kg（Brown et al.，1994）。在水培条件下，天蓝遏兰菜地上部分的平均镉含量为 1140 mg/kg（Brown et al.，1995）。然而，天蓝遏兰菜生长缓慢，且生物量较小，不适宜用于严重镉污染土壤的修复（Robinson et al.，1998；Shen et al.，1997）。十字花科芸薹属植物印度芥菜（*Brassica juncea*）对镉有一定的忍耐和积累能力，其根系和叶片镉含量最高浓度可分别达 300 mg/kg 和 160 mg/kg（蒋先军等，2001），并且该植物的生长迅速、生物量大，同等条件下其生物量是天蓝遏兰菜的 10 倍以上（Ehbs et al.，1997）。虽然印度芥菜地上部分镉含量低于天蓝遏兰菜，但由于其生物量大，植物体内镉的总积累量和对污染土壤的净化率远高于天蓝遏兰菜。然而，印度芥菜有其生长的地域性，中国适合其生长的地域面积较小（Salt et al.，1995；Dushenkov et al.，1995）。因此，还须进一步筛选出更多生长快、生物量大、适应范围广的镉超富集植物。目前已发现的超富集植物有 400 多种，其中多数为十字花科植物，以镍的超富集植物最多（Reeves，2003）。对镉污染土壤修复效果较好的超富集植物包括十字花科、禾本科在内的十余科植物（毛海立等，2011；陈玉梅等，2015）。除此之外，一些观赏性植物、农田杂草（魏树和等，2004）、木本植物（周青等，2001）也是镉污染土壤修复超富集植物。

第五节　农业生态修复措施

农业生态修复是指在农业生产过程中，采用一些因地制宜的耕作管理制度，调节农田生态环境状况，减轻镉危害。该措施投资相对较少、操作较简便且基本不改变修复区域的种植习惯，可以充分发挥生态系统的自我修复能力。农业生态修复镉污染土壤技术主要包括农艺修复措施和生态修复措施两个方面（张凤荣，2006）。

一、农艺修复措施

作物在土壤中吸收镉的速率不仅取决于土壤镉浓度，还受土壤的理化性质、水分条件、施肥种类和数量、栽培的植物种类、栽培方式以及耕作制度等影响。合理地利用农艺修复措施可降低土壤镉的生物有效性，以减少镉从土壤向作物的转移。

（一）合理施用化肥

农业生产中经常会使用化肥，这也是造成土壤镉污染的重要原因。在进行农作物田间管理时，采用测土配方施肥、合理地施用化肥、适当增加有机肥的使用等方法，能阻碍镉元素的土壤环境行为。不同的化肥种类在镉含量以及化学性质上存在差异，对土壤镉的浓度和生物有效性产生的影响也不同。一些肥料中含有镉，长期施用会导致镉在土壤中累积。研究表明，澳大利亚新南威尔士因长期超量使用磷肥，部分土壤的镉浓度已上升了 10 倍（周焱，2003）。一些化肥施入土壤后，通过改变土壤 pH 值进而改变镉的生物有效性，并影响作物对镉的吸收。施用$(NH_4)_2SO_4$、NH_4Cl 这 2 种铵态氮氮肥导致镉污染土壤酸化，进而促进植物对镉的吸收，但施用硝态氮（NO_3^-）氮肥时可碱化土壤，可以有效地降低镉的迁移性和生物有效性（徐明岗等，2006）。施用磷酸氢钙和磷酸二氢钾等碱性磷肥时，土壤 pH 值升高，镉的生物有效性降低（张燕，2015）。因此，不同类型化肥的选择供应可以作为控制作物吸收镉的一种措施。

（二）施用生物有机肥

研究表明，生物有机肥中富含有机质，可以改善土壤的理化性质，增加土壤的肥力，有机质对镉污染土壤的治理，主要是因为腐殖酸中的胡敏酸等能吸附、络合污染土壤中的镉离子并生成难溶的络合物，从而降低镉的生物有效性，减少植物对镉的吸收（华珞等，1998；郑少玲等，2005）。生物有机肥中有机质对土壤镉的影响较为复杂，因有机质类型、土壤性质和镉存在形态的差别，修复效果也不同，应有针对性地选择合适的生物有机肥。

（三）种植结构调整

不同种类的植物生理学特性不同，对土壤镉元素的吸收效应存在一定的差异。根据不同作物对镉元素吸收的特点，针对土壤镉污染程度的不同，因地制宜地选择可食用部位低镉积累作物和高镉积累但加工产品对人类无害的经济作物，适当调减可食用部位高镉积累作物的种植面积，保障清洁农产品的生产，是降低镉污染风险的有效举措。比如，有些复垦场地红豆不会像果树那样受镉污染，针对这种情况改变耕作制度，可以把红豆作为先锋植物（董霁红等，2007）。在镉污染超标严重区域，种植高镉积累植物，经过连续收割后，使土壤中的镉含量减少。在镉轻度污染区，选择种植低镉积累作物（汪雅各等，1990）。镉超富集植物与非富集植物种植在一起，能为之间套作的植物提供保护作用。如籽粒苋混种玉米，会降低玉米对镉的积累（李凝玉等，2008）。镉超富集植物龙葵（*Solanum nigrum*）与大白菜、大葱等作物混种后，可降低这些蔬菜作物对镉的吸收（Niu et al.，2015；Wang et al.，2015）。

（四）秸秆还田

还田的秸秆在土壤中的周转和腐解对镉元素的环境行为和生物有效性可产生显著的影响。秸秆在腐熟分解过程中产生的有机酸（如胡敏酸、富里酸、氨基酸等），糖类及含氮、硫的杂环化合物能与镉的氧化物、氢氧化物及矿物的镉离子发生络合反应，形成化学和生物学稳定性不同的镉有机络合物，通过改变土壤镉的形态、降低镉的生物有效性，从而减少镉对土壤生物和农作物的毒害。研究表明，覆盖小飞蓬（*Conyza canadensis*）、少花龙葵（*Solanum photeinocarpum*）和万寿菊（*Tagetes erecta*）秸秆可促进树番茄（*Cyphomandra betacea*）幼苗的生长和降低其植株的镉积累，有益于树番茄安全生产（He et al.，2016；Lin et al.，2018）。秸秆还田还可显著提高镉污染土壤的 pH 值，增加土壤对镉的固定，从而降低镉的生物有效性（贾乐等，2010）。在铅锌尾矿砂中添加油菜秸秆、芒草秸秆以及水稻秸秆均能显著地降低镉的生物有效性及其迁移能力（朱佳文等，2012）。

（五）筛选和培育低镉积累的品种

植物种间和种内不同基因型间对镉的吸收和积累存在着显著差异。石榴叶对重金属的吸收能力高于枇杷叶和柑橘叶，并且 3 种果树叶片对重金属的迁移转化能力强，但其果实对镉的转化能力弱。不同果树和果实对土壤镉的抗性为：梨树＞李树＞杏树，枇杷＞桂圆＞石榴＞杧果（杨定清等，2008）。不同品种柑橘果实富集镉的差异明显，表现为枳对镉的富集能力弱，枸头橙对镉的富集能力较强，资阳香橙和印度酸橘对镉的富集能力强（周薇，2014）。因此，筛选出具有低吸收、低积累土壤镉特征的果树种类或品种（卜范文等，2017），对于当前大面积的镉中、轻程度污染果园的可持续利用和果产品食品安全具有重大的推动作用（张虹等，2008；黄昀等，2005）。可通过嫁接等方式培育低镉积累品种，嫁接能够降低植物对镉的吸收。如不同砧木嫁接"矢富罗莎"葡萄植株的镉含量均显著低于自根葡萄果实，为自根苗的 20%～86%，嫁接还能降低葡萄果实中的镉含量（李小红，2010）。

（六）管理方式改变

推广普及果实套袋能减少果实对镉的吸收，如套袋特别是密闭性高的塑料袋能减少梨中重金属的含量（郝变青等，2015）。

二、生态修复措施

生态修复措施通过调节土壤 pH 值、土壤氧化还原状况等生态因子，调控土壤镉所处环境介质，从而改变镉的生物有效性。

（一）调节土壤 pH 值

土壤 pH 值显著影响镉在土壤中的存在形态。当土壤 pH 值小于 5 时，土壤对镉的吸附量降低，生物有效性增加。加入碱性物质，提高土壤 pH 值，可增加土壤表面负电荷对镉的吸附，同时可使镉与一些阴离子形成氢氧化物和弱酸盐沉淀。因此可施用石灰、矿渣等碱性物质，或钙镁磷肥等碱性肥料，减少植物对镉的吸收（Maenpaa et al.，2002；王新等，1994）。在镉污染的土壤施用石灰

750 kg/hm²，可使土壤中有效态镉浓度降低15％左右，从而有效减少作物对镉的吸收（Naidu et al.，1997）。在镉污染土壤上施用石灰和钙镁磷肥后，能显著提高土壤pH值，降低土壤中有效态镉浓度（何飞飞等，2012）；施用磷酸盐类物质也可使土壤镉形成难溶性的磷酸盐，降低土壤有效态镉浓度（杨景辉，1995）。

（二）调节土壤氧化还原状况

土壤镉的生物有效性也受土壤氧化还原状况的影响，这与土壤水分状况有着密切的关系。水田灌溉或淹水时，由于水表覆盖形成还原性环境，土壤中的SO_4^{2-}还原为S^{2-}，以及有机物不完全分解产生的硫化氢，与镉生成溶解度很小的硫化镉沉淀（陈涛等，1980）。由于镉在土壤中有很强的亲疏性质，可通过合理灌溉、旱田改水田等措施控制土壤水分来调节土壤氧化还原状况，改变土壤氧化还原电位，使镉形成沉淀，降低镉的生物有效性，从而减轻对植物的危害。

第三章　植物修复材料的筛选

第一节　植物修复材料的筛选方法

目前，超富集植物的筛选方法主要有：微量分析法、野外试纸初步诊断法、采样分析法、营养液培养法和盆栽模拟法等。

（一）微量分析法

微量分析法主要是利用微量的样本进行化学分析，检测样本中重金属的含量，通过和超富集植物定义比对，从而鉴定某种植物是否为超富集植物。Reeves 等（1983）采用该方法从 232 个属的近 2000 种植物样本中再次确定了已发现的镍超富集植物，同时还发现另外 5 个属的植物具有镍超富集特性。该方法的优点是获取材料容易，筛选范围广泛。由于取样主要来自标本馆，能够轻松获得较为全面的样本进行分析，节约样品（该方法只需几毫克的微量样品）。该方法的缺点是样本量大，需要进行大量重复的筛选工作。植物材料的重金属积累特性可能因其生长环境而有所不同，因而标本馆样本的重金属积累特性并不能完全代表该种植物的重金属积累特性。

（二）野外试纸初步诊断法

野外试纸初步诊断法主要是在野外实验条件不允许的情况下，利用各类重金属的快速试纸对植物中重金属进行初步检测，初步判断某种植物是否为超富集植物。其主要是通过重金属离子与显色剂的显色反应，对重金属进行定性和半定量的检测。Baker 等（1996）采用该方法在菲律宾巴拉望岛的一次野外调查中发现了 4 种镍超富集植物。该方法的优点是简单、省力、快捷。缺点是不够准确，重金属离子与显色剂的显色反应可能会受到其他离子的干扰，且某些重金属离子没有专一的显色剂。目前该方法的实际应用仅限于野外调查镍超富集植物。

（三）采样分析法

采样分析法是指在重金属高污染区如各类矿区、工矿业废弃地、污水灌溉区等地进行野外调查，根据植物在重金属污染区的生长状况初步判断植物对重金属的耐性，然后采样带回实验室测定样品中重金属含量，从而确定该植物是否为超富集植物。目前大多数超富集植物都是通过该方法发现的，如天蓝遏兰菜

(Brown et al.，1994)、粉叶蕨（*Pityrogramma calomelanos*）（Visoottiviseth et al.，2002)、蜈蚣草（*Pteris vittata*）（Ma et al.，2001）等。该方法的优点是缩小了筛选的范围，可以先从植物在重金属高污染区的生长表现进行粗略筛选，以便进一步进行实验室分析。该方法的缺点也很明显，在这些重金属含量较高的土壤周围，难以找到相对洁净的土壤，有时即使有相对洁净的土壤也不一定生长有该种植物。因此，很难确认在重金属污染土壤上生长的植物地上部分生物量是否明显下降。此外，这些地区土壤中重金属浓度可能超过超富集植物地上部分应达到的临界含量标准值，有的甚至超出许多倍，使得植物地上部分重金属富集系数经常小于1。同时，该方法忽略了许多没有在重金属高污染区分布但本身又具有超富集特性的植物。

（四）营养液培养法

营养液培养法是指配制植物生长所需的营养液，然后添加一定浓度的重金属，用该营养液培养植物，测定该植物各类生长及生理指标，研究其对重金属的耐受性和响应机制，鉴定某种植物是否为超富集植物。该方法根据培养的基质不同，又可分为水培法、砂培法等。刘威等（2003）在湖南省宝山矿区野外调查时发现该地区宝山堇菜（*Viola baoshanensis*）地上部分镉含量超过 1000 mg/kg，通过室内营养液培养浓度梯度试验发现，镉浓度在 30 mg/L 时，宝山堇菜生物量达到最大值。与对照相比较，生物量几乎增加 300%；在镉浓度为 50 mg/L 时，其地上部分的镉含量可以达到 4825 mg/kg，转运系数的范围为 1.14~2.22，表明宝山堇菜不仅可以超量吸收镉，而且可以从根系向地上部分有效输送镉，是一种新的镉超富集植物。该方法的优点是易于控制，能够减少外来介质对植物重金属富集特性的影响。同时，因为在实验室采用营养液培养，植物包括根系在内的各组织都能较为直观地被观察到，所以能够观察植物在整个生育期内对重金属胁迫在形态上的响应。该方法的缺点是营养液浇灌和植物在土壤中生长还是存在很大差异，不能完全代表植物在土壤中生长的情况。

（五）盆栽模拟法

微量分析法、野外试纸初步诊断法、采样分析法和营养液培养法主要是针对重金属高污染区植物进行研究并筛选超富集植物，这样忽略了许多本身具有重金属超富集特性但没有分布在重金属污染区的植物，而盆栽模拟法正好填补了这一空缺。具体方法是在土壤中人为添加一定浓度的重金属，模拟植物生长在重金属污染环境下，观察植物对重金属胁迫的响应。Wei 等（2009）利用该方法，研究了 9 个属的 24 种杂草对镉、铅、铜和锌的积累特性，发现风花菜（*Rorippa globosa*）表现出镉超富集特性。在接下来的浓度梯度试验中，风花菜茎秆和叶片的镉含量均超过了镉超富集植物的镉含量标准（100 mg/kg），再次证明了该植物为一种镉超富集植物。Zhang 等（2013）野外调查发现，四川会东矿区的稀莶（*Siegesbeckia orientalis*）对镉有很强的耐性，在矿区分布广泛。采集该地区的豨莶种子，利用盆栽模拟法进行浓度梯度试验表明，随着土壤镉浓度的增加，豨莶根系、茎秆和叶片的镉浓度随之增加。在土壤镉浓度分别为 90、90 和 60 mg/kg 时，豨莶根系、茎秆和叶片的镉含量均超过 100 mg/kg，在所有处理水平下，豨莶富集系数和转运系数均大于 1，证明豨莶具有镉超富集植物的基本特性，是一种潜在的镉修复材料。

（六）其他筛选法

盆栽模拟法还衍生出土壤种子库—重金属浓度梯度法。植物种子成熟后，不管它以何种方式传播，最终都会随机地散落到地面上，其中只有很少数刚好落到合适的环境而萌发，大部分种子都没有这么幸运，它们中一些因得不到适宜的条件，无法萌发从而失去活力至最终死亡；另一些类型则因具有休眠特性而得以保持活力，留在土壤中，形成所谓的土壤种子库。存在于一定面积的土壤表面及其下的土层中的具有活力的种子总数称为土壤种子库（Van der Valk et al.，1978；Bigwood et al.，1988；Keeley，1977）。土壤种子库—重金属浓度梯度法就是利用了土壤种子库中保存的大量具有活力的种子作为备选材料，具体方法是往收集到的土壤中人为添加一定浓度的重金属，不人为撒播种子或移栽幼苗，让土壤中的种子自然生长，当植物成熟时通过辨认能够在这种高浓度重金属条件下自然生长的植物从而获得超富集植物。Zhang 等（2011）采用土壤种子库—重金属浓度梯度法发现少花龙葵在土壤浓度分别为 8 mg/kg 镉、100 mg/kg 锌、600 mg/kg 铅及 100 mg/kg 铜环境下均能正常生长，没有出现重金属毒害现象，且相较于对锌、铅、铜的积累，少花龙葵对镉的积累更高，后续进行的镉浓度梯度试验进一步证明了少花龙葵是一种潜在的镉超富集植物。

在土壤种子库—重金属浓度梯度法的基础上，Lin 等（2014）又提出了土壤高浓度镉污染筛选法。该方法与土壤种子库—重金属浓度梯度法最大的区别在于提高了供试土壤中重金属的浓度。在镉超富集植物筛选试验中，用到的土壤镉浓度范围为 20~60 mg/kg，而在该方法中，使用的筛选浓度为 60 mg/kg，这样在第一步的筛选试验中就能淘汰掉一部分镉耐性较差的植物，一定程度上减少了筛选工作的工作量，加快了筛选进程。

第二节　镉超富集植物的筛选示例与结果

本课题组在前人研究的基础上，采用土壤高浓度镉污染筛选法成功筛选出牛膝菊（*Galinsoga parviflora*）、红果黄鹌菜（*Youngia erythrocarpa*）、稻槎菜（*Lapsana apogonoides*）、多裂翅果菊（*Pterocypsela laciniata*）、鼠麴草（*Gnaphalium affine*）和无瓣蔊菜（*Rorippa dubia*）6 种镉超富集植物和猪殃

殃（*Galium aparine*）、繁缕（*Stellaria media*）、牛繁缕（*Myosoton aquaticum*）、球序卷耳（*Cerastium glomeratum*）、旱莲草（*Eclipta prostrata*）、多茎鼠麴草（*Gnaphalium polycaulon*）、碎米荠（*Cardamine hirsuta*）、荠菜（*Capsella bursa-pastoris*）和豆瓣菜（*Nasturtium officinale*）9 种镉富集植物，以及硫华菊（*Cosmos sulphureus*）和波斯菊（*Cosmos bipinnata*）2 种花卉型镉富集植物。以下就每种富集类型的植物各选取 2～3 种进行筛选示例的展示。

一、牛膝菊的筛选与结果

（一）牛膝菊简介

牛膝菊，又名辣子草、向阳花、珍珠草、铜锤草等，属菊科牛膝菊属一年生草本植物。牛膝菊主要分布于四川省、云南省、贵州省、西藏自治区等地，生于林下、河谷地、荒野、河边、田间、溪边或市郊路旁。

（二）试验材料与筛选方法

1. 试验材料

试验用土为紫色土，取自四川农业大学雅安校区农场（29°59′N，102°59′E）。其基本理化性质为：pH 值 7.02、有机质 41.38 g/kg、全氮 3.05 g/kg、全磷 0.31 g/kg、全钾 15.22 g/kg、碱解氮 165.30 mg/kg、速效磷 5.87 mg/kg、速效钾 187.03 mg/kg、全镉 0.101 mg/kg 和有效态镉 0.021 mg/kg。土壤基本理化性质的测定均参照鲍士旦（2000）的方法进行。

牛膝菊幼苗采自四川农业大学雅安校区农场未被镉污染的区域。

2. 筛选方法

试验于 2013 年 9～12 月在四川农业大学雅安校区农场避雨棚中进行。将土壤风干、压碎、过 5 mm 筛后，分别称取 12.0 kg 装入 20 cm×27 cm（高×直径）的塑料盆中，然后向土壤中添加 $CdCl_2 \cdot 2.5H_2O$ 使土壤镉浓度分别为 0、25、50、75 和 100 mg/kg。之后，使镉与土壤充分混匀，浇水以保持盆中土壤的田间持水量为 80%，自然放置平衡 4 周后再次混合备用。2013 年 10 月，将长势一致的 2 对真叶展开的牛膝菊幼苗移栽至盆中，每盆种植 5 株，每个处理重复 3 次。盆与盆间隔 10 cm，并按完全随机排列以消除边际效应的影响，每天浇水以保持盆中土壤的田间持水量为 80%。待牛膝菊生长 60 d 后，将整株植物收获，分根系、茎秆、叶片，分别用自来水冲洗干净泥土，再用去离子水冲洗 3 次后于80℃烘干至恒重，测定根系、茎秆和叶片的生物量。样品粉碎后过 0.149 mm 筛用于测定镉含量：干样（0.5 g）用 HNO_3：$HClO_4$（4∶1，*V/V*）消化，然后用去离子水定容至 50 mL，再在 iCAP 6300 ICP mass spectrometer（Thermo Scientific）上测定各样品的镉含量（鲍士旦，2000）。此外，计算根冠比、抗性系数、富集系数、转运系数和镉积累量，其中，根冠比＝根系生物量/地上部分生物量，抗性系数＝处理总生物学产量/对照总生物学产量（赵杨迪等，2012），镉积累量＝生物量×镉含量（Zhang et al.，2011）。

（三）试验结果与分析

1. 牛膝菊的生物量

从表3-1可以看出，随着土壤镉浓度的增加，牛膝菊根系、茎秆、叶片和地上部分生物量逐渐减少（$P<0.05$），但试验过程中未发现明显的毒害现象。土壤镉浓度为25、50、75和100 mg/kg时，牛膝菊根系生物量分别较对照（0 mg/kg）降低了8.98%（$P<0.05$）、26.94%（$P<0.05$）、36.27%（$P<0.05$）和47.54%（$P<0.05$）；地上部分生物量分别较对照降低了12.08%（$P<0.05$）、32.66%（$P<0.05$）、41.41%（$P<0.05$）和50.27%（$P<0.05$）。当土壤镉浓度低于75 mg/kg时，牛膝菊的根冠比随着土壤镉浓度的增加而增加，表明植株对镉的抗性随着根系相对生物量的增加而提高。牛膝菊的抗性系数也随着土壤镉浓度的增加而下降。

表3-1 牛膝菊的生物量

处理 （mg/kg）	根系 （g/株）	茎秆 （g/株）	叶片 （g/株）	地上部分 （g/株）	根冠比	抗性系数
0	0.568±0.009a	1.996±0.054a	1.008±0.012a	3.004±0.066a	0.189	1.000
25	0.517±0.016b	1.752±0.058b	0.889±0.011b	2.641±0.069b	0.196	0.884
50	0.415±0.005c	1.330±0.030c	0.693±0.019c	2.023±0.049c	0.205	0.683
75	0.362±0.018d	1.101±0.099d	0.659±0.004cd	1.760±0.103d	0.206	0.594
100	0.298±0.007e	0.888±0.012e	0.606±0.006d	1.494±0.018e	0.199	0.502

注：同一列数据后的不同小写字母表示不同处理间的差异为5%显著水平，下同。

2. 牛膝菊的镉含量

随着土壤镉浓度的增加，牛膝菊根系、茎秆、叶片和地上部分镉含量也逐渐增加，且镉处理的牛膝菊叶片镉含量高于根系和茎秆镉含量（表3-2）。当土壤镉浓度≥75 mg/kg时，地上部分镉含量超过镉超富集植物的临界值（100 mg/kg），且在土壤镉浓度为100 mg/kg时达到最大值（137.63±1.59）mg/kg。除土壤镉含量为50、75 mg/kg时牛膝菊根系富集系数略小于1外，其余镉处理下牛膝菊根系、地上部分富集系数和转运系数均大于1。这些结果表明，牛膝菊有很强的从土壤中吸收镉并将其转运至地上部分的能力。根据镉超富集植物的定义，牛膝菊满足镉超富集植物对镉含量临界值（100 mg/kg）、富集系数和转运系数（>1）的定义，综合牛膝菊的耐性和镉含量，可以认定其为镉超富集植物。

表 3-2　牛膝菊的镉含量

处理 (mg/kg)	根系 (mg/kg)	茎秆 (mg/kg)	叶片 (mg/kg)	地上部分 (mg/kg)	根系富 集系数	地上部分 富集系数	转运 系数
0	18.60±0.60e	2.74±0.07e	5.66±0.23e	3.72±0.16e	—	—	0.200
25	33.76±2.26d	31.12±2.08d	59.54±3.04d	40.69±2.28d	1.350	1.628	1.205
50	47.56±2.64c	52.56±1.66c	95.82±3.73c	67.38±0.24c	0.951	1.348	1.417
75	73.32±3.51b	83.88±3.08b	132.70±3.10b	102.16±1.86b	0.978	1.362	1.393
100	105.70±3.35a	118.38±5.78a	165.84±4.66a	137.63±1.59a	1.057	1.376	1.302

3. 牛膝菊的镉积累量

从图 3-1 可以看出，牛膝菊地上部分的镉积累量大于根系镉积累量，且两者均随着土壤镉浓度的增加呈线性增加的趋势（地上部分 $R^2=0.9311$，根系 $R^2=0.9841$）。当土壤镉浓度为 100 mg/kg 时，每株牛膝菊根系和地上部分镉积累量达到最大值，分别为 31.50 μg 和 205.62 μg。因此，牛膝菊在土壤镉浓度为 100 mg/kg 时可有效修复镉污染土壤。

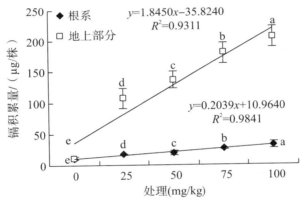

图 3-1　牛膝菊的镉积累量

（四）结论

牛膝菊喜冷凉气候条件，不耐热，在凉爽的气候条件下生长良好，在我国南方地区几乎全年生长。牛膝菊的繁殖能力强、生长期短、生物量较大。本试验结果表明，牛膝菊是一种镉超富集植物。因此，牛膝菊是一种较为理想的镉污染土壤的修复材料。

二、红果黄鹌菜的筛选与结果

（一）红果黄鹌菜简介

红果黄鹌菜是菊科黄鹌菜属一年生草本植物，分布在陕西（安康）、安徽、浙江（杭州）、江西（寻乌）、四川（城口）、贵州（赤水、江口、安龙、贵阳、罗平、望谟）等地，生于海拔 460～1850 m 的山坡草丛、沟地及平原荒地。

（二）试验材料与筛选方法

1. 试验材料

试验用土为紫色土，取自四川农业大学雅安校区农场，其基本理化性质同本节牛膝菊试验用土。红果黄鹌菜幼苗采自四川农业大学雅安校区农场未被镉污染区域。

2. 筛选方法

试验于 2013 年 1～4 月在四川农业大学雅安校区农场避雨棚中进行。含镉土壤的配制与本节牛膝菊试验试验相同。2013 年 2 月，将长势一致的 2 片真叶展开的红果黄鹌菜幼苗移栽至盆中，每盆种植 5 株，每个处理重复 3 次。盆的摆放方式及种植期间的管理方式与本节牛膝菊试验相同。60 d 后，测定红果黄鹌菜根系和地上部分的生物量和镉含量，样品处理方法和指标测定方法同本节牛膝菊试验，并计算根冠比、抗性系数、富集系数、转运系数和镉积累量。

（三）试验结果与分析

1. 红果黄鹌菜的生物量

红果黄鹌菜根系、地上部分镉含量和整株生物量均随着土壤镉浓度的增加而降低（$P<0.05$，表 3-3），但是在整个试验过程中未观察到毒害现象。土壤镉浓度为 25、50、75 和 100 mg/kg 时，红果黄鹌菜整株生物量分别较对照降低了 14.83%（$P<0.05$）、30.43%（$P<0.05$）、57.11%（$P<0.05$）和 78.79%（$P<0.05$）。红果黄鹌菜的抗性系数也随着土壤镉浓度的增加而降低，表明高浓度的土壤镉抑制了红果黄鹌菜的生长。红果黄鹌菜的根冠比随着土壤镉浓度的增加而增加，表明红果黄鹌菜能通过增加其根冠比来提高抗性。

表 3-3　红果黄鹌菜的生物量

处理 （mg/kg）	根系 （g/盆）	地上部分 （g/盆）	整株 （g/盆）	根冠比	抗性系数
0	0.614±0.009e	3.135±0.076e	3.749±0.085e	0.196	1.000
25	0.528±0.007d	2.665±0.096d	3.193±0.088d	0.198	0.852
50	0.443±0.008c	2.165±0.110c	2.608±0.102c	0.205	0.696
75	0.280±0.042b	1.328±0.010b	1.608±0.052b	0.211	0.429
100	0.150±0.009a	0.645±0.020a	0.795±0.011a	0.233	0.212

2. 红果黄鹌菜的镉含量

从表 3-4 可以看出，红果黄鹌菜地上部分镉含量在土壤镉浓度为 25 mg/kg 时达到镉超富集植物镉含量标准，此时地上部分富集系数为 4.88，转运系数为

1.86，满足镉超富集植物的要求，表明红果黄鹌菜为一种镉超富集植物。随着土壤镉浓度的增加，红果黄鹌菜根系、地上部分镉含量和根系富集系数（2.62～2.92）增加，而地上部分富集系数（3.18～4.88）和转运系数（1.09～1.86）则降低。当土壤镉浓度为 100 mg/kg 时，红果黄鹌菜地上部分镉含量为（317.87±16.37）mg/kg。

表 3-4 红果黄鹌菜的镉含量

处理 (mg/kg)	根系镉含量 (mg/kg)	地上部分镉含量 (mg/kg)	根系富集系数	地上部分富集系数	转运系数
0	11.88±0.47e	1.59±0.09e	—	—	0.13
25	65.51±2.94d	121.90±11.30d	2.62	4.88	1.86
50	135.30±7.90c	178.93±6.47c	2.71	3.58	1.32
75	215.75±4.55b	261.36±11.26b	2.88	3.48	1.21
100	292.31±6.91a	317.87±16.37a	2.92	3.18	1.09

3. 红果黄鹌菜的镉积累量

红果黄鹌菜整株镉积累量在土壤镉浓度为 50 mg/kg 时达到最大，为（447.32±1.16）μg/盆，其次为土壤镉浓度为 75 mg/kg 时的整株镉积累量（表3-5）。因此，红果黄鹌菜的修复效果在土壤镉浓度低于 75 mg/kg 更好。

表 3-5 红果黄鹌菜的镉积累量

处理 (mg/kg)	根系镉积累量 (μg/盆)	地上部分镉积累量 (μg/盆)	整株镉积累量 (μg/盆)
0	7.29±0.39d	4.98±0.40a	12.27±0.79e
25	34.59±2.07c	324.86±18.42b	359.45±20.49d
50	59.94±4.58a	387.38±5.69a	447.32±1.16c
75	60.41±7.79a	347.09±17.57b	407.50±25.36b
100	43.85±1.59b	205.03±16.92c	248.88±15.32a

（四）结论

红果黄鹌菜是一年生、适应性强的草本植物，在我国分布广泛。红果黄鹌菜对镉具有很强的耐性，是一种镉超富集植物，能够有效修复土壤镉污染。

三、稻槎菜的筛选与结果

（一）稻槎菜简介

稻槎菜是菊科稻槎菜属一年生矮小草本植物，在陕西（洋县）、江苏（宜兴）、安徽（休宁）、浙江（杭州）、福建（永安、沙县）、江西（九江）、湖南

（长沙、雪峰山）、广东（英德）、广西壮族自治区（临桂）、云南（昆明、东川）等地均有分布，生于田野、荒地及路边。

（二）试验材料与筛选方法

1. 试验材料

试验用土为紫色土，取自四川农业大学雅安校区农场，其基本理化性质同本节牛膝菊试验用土。稻槎菜幼苗采自四川农业大学雅安校区农场未被镉污染区域。

2. 筛选方法

试验于 2014 年 8~11 月在四川农业大学雅安校区农场避雨棚中进行。含镉土壤的配制与本节牛膝菊试验相同。2014 年 9 月，将生长一致的 8 片真叶展开的稻槎菜幼苗直接移栽至盆中，每盆 5 株，每个处理重复 3 次。盆的摆放方式及种植期间的管理方式与本节牛膝菊试验相同。60 d 后选取每株植物顶部约 2 cm 长的幼嫩叶片测定抗氧化酶活性（郝再彬等，2004），并选取每株植物的成熟叶片测定光合色素（叶绿素总量及类胡萝卜素）含量（熊庆娥，2003）。之后，整株收获，样品处理同本节牛膝菊试验，测定稻槎菜的生物量及镉含量，计算根冠比、抗性系数、富集系数、转运系数和转运量系数。

（三）试验结果与分析

1. 稻槎菜的生物量

从表 3-6 可以看出，随着土壤镉浓度的增加，稻槎菜根系、地上部分及整株生物量呈先减后增再减的趋势。在不同的土壤镉浓度处理条件下，稻槎菜均未表现出明显的毒害现象。土壤镉浓度为 25、50、75 和 100 mg/kg 的稻槎菜地上部分生物量分别较对照减少了 22.63%（$P<0.05$）、17.23%（$P<0.05$）、16.67%（$P<0.05$）和 18.99%（$P<0.05$），整株生物量则分别减少了 26.51%（$P<0.05$）、21.05%（$P<0.05$）、19.80%（$P<0.05$）和 23.80%（$P<0.05$）。稻槎菜的根冠比随着土壤镉浓度的增加也呈现先减后增再减的趋势，这说明稻槎菜对镉处理的适应性可能存在波状起伏的变化过程。从抗性系数来看，稻槎菜抗性系数随着土壤镉浓度的增加也呈现先降后升再降的趋势。各浓度镉处理条件下的稻槎菜抗性系数均低于对照，但抗性系数均在 0.700 以上，说明稻槎菜对镉的抗性较强。

表 3-6　稻槎菜的生物量

处理 （mg/kg）	根系 （g/株）	地上部分 （g/株）	整株 （g/株）	根冠比	抗性系数
0	0.997±0.011a	1.074±0.034a	2.071±0.045a	0.928	1.000
25	0.691±0.016d	0.831±0.027b	1.522±0.042c	0.832	0.735

处理 （mg/kg）	根系 （g/株）	地上部分 （g/株）	整株 （g/株）	根冠比	抗性系数
50	0.746±0.023bc	0.889±0.020b	1.635±0.042b	0.839	0.789
75	0.766±0.018b	0.895±0.021b	1.661±0.040b	0.856	0.802
100	0.708±0.010cd	0.870±0.028b	1.578±0.038bc	0.814	0.762

2. 稻槎菜的镉含量

稻槎菜根系及地上部分镉含量均随着土壤镉浓度的增加而呈增加的趋势（表3-7）。土壤镉浓度为25、50、75和100 mg/kg的稻槎菜地上部分镉含量分别是对照的4.79、10.20、13.58和16.72倍。在土壤镉浓度为75 mg/kg时，稻槎菜地上部分镉含量为（110.11±6.92）mg/kg，达到镉超富集植物临界值标准（100 mg/kg）。从富集系数来看，稻槎菜根系富集系数及地上部分富集系数均大于1，但随着土壤镉浓度的增加有降低的趋势。除对照外，各浓度镉处理的稻槎菜转运系数均大于1，且随着土壤镉浓度的增加呈先升后降的趋势。

表3-7　稻槎菜的镉含量

处理 （mg/kg）	根系镉含量 （mg/kg）	地上部分镉含量 （mg/kg）	根系富 集系数	地上部分 富集系数	转运系数
0	9.97±0.18e	8.11±0.27e	—	—	0.813
25	34.20±2.55d	38.84±1.64d	1.368	1.554	1.136
50	62.55±3.46c	82.71±3.24c	1.251	1.654	1.322
75	91.38±3.71b	110.11±6.92b	1.218	1.468	1.205
100	120.94±5.74a	135.56±6.28a	1.209	1.356	1.121

3. 稻槎菜的镉积累量

从表3-8可以看出，稻槎菜根系、地上部分及整株镉积累量均随着土壤镉浓度的增加而增加，最大值出现在土壤镉浓度为100 mg/kg时。土壤镉浓度为25、50、75和100 mg/kg的稻槎菜地上部分镉积累量分别是对照的3.71倍（$P<0.05$）、8.44倍（$P<0.05$）、11.31倍（$P<0.05$）和13.54倍（$P<0.05$），整株镉积累量则分别是对照的3.00倍（$P<0.05$）、6.44倍（$P<0.05$）、9.04倍（$P<0.05$）和10.92倍（$P<0.05$）。除对照外，稻槎菜转运量系数均大于1，且随着土壤镉浓度的增加呈先升后降的趋势。

表 3-8　稻槎菜的镉积累量

处理 (mg/kg)	根系镉积累量 (μg/株)	地上部分镉积累量 (μg/株)	整株镉积累量 (μg/株)	转运量系数
0	9.94±0.07e	8.71±0.01e	18.65±0.08e	0.876
25	23.63±1.23d	32.28±0.32d	55.91±1.55d	1.366
50	46.66±1.17c	73.53±1.24c	120.19±2.41c	1.576
75	70.00±1.16b	98.55±3.85b	168.55±5.01b	1.408
100	85.63±2.87a	117.94±1.63a	203.57±4.50a	1.377

将稻槎菜各器官的镉积累量与土壤镉浓度进行回归分析，结果详见表 3-9。回归分析结果表明，稻槎菜根系镉积累量、地上部分镉积累量及整株镉积累量与土壤镉浓度均存在呈极显著线性回归关系（$P<0.01$），回归方程的决定系数均在 0.9800 以上。因此，稻槎菜植株的镉积累量与土壤镉浓度具有线性回归关系。

表 3-9　稻槎菜的镉积累量与土壤镉浓度的回归分析

因变量	回归方程	决定系数 R^2	F 值
根系镉积累量	$y=0.7910x+7.622$	0.9923	386.68**
地上部分镉积累量	$y=1.1389x+9.256$	0.9847	193.29**
整株镉积累量	$y=1.9299x+16.878$	0.9905	314.26**

注：**表示显著水平为 1%。

4. 稻槎菜的光合色素含量

从表 3-10 可以看出，随着土壤镉浓度的增加，稻槎菜叶绿素 a、叶绿素 b、叶绿素总量及类胡萝卜素含量均呈先减后增再减的趋势。土壤镉浓度为 25、50、75 和 100 mg/kg 时，稻槎菜叶绿素总量含量分别较对照减少了 17.11%（$P>0.05$）、3.42%（$P>0.05$）、1.05%（$P>0.05$）和 11.49%（$P>0.05$）。类胡萝卜素含量则分别减少了 14.62%（$P>0.05$）、2.05%（$P>0.05$）、2.82%（$P>0.05$）和 10.26%（$P>0.05$）。稻槎菜叶绿素 a/b 也随着土壤镉浓度的增加呈先减后增再减的趋势。

表 3-10　稻槎菜的光合色素含量

处理 (mg/kg)	叶绿素 a (mg/g)	叶绿素 b (mg/g)	叶绿素总量 (mg/g)	类胡萝卜素 (mg/g)	叶绿素 a/b
0	0.943±0.019a	0.197±0.005a	1.140±0.024a	0.390±0.001a	4.801
25	0.780±0.055a	0.165±0.006a	0.945±0.061a	0.333±0.019a	4.724
50	0.903±0.159a	0.198±0.035a	1.101±0.195a	0.382±0.601a	4.568
75	0.933±0.058a	0.195±0.010a	1.128±0.068a	0.379±0.014a	4.796
100	0.830±0.110a	0.179±0.027a	1.009±0.137a	0.350±0.042a	4.630

5. 稻槎菜的抗氧化酶活性

随着土壤镉浓度的增加，稻槎菜 SOD 活性呈先升后降的趋势，最大值出现在土壤镉浓度为 75 mg/kg 时（图 3-2）。与对照相比，土壤镉浓度为 25、50、75 和 100 mg/kg 时，稻槎菜 SOD 活性均高于对照，分别较对照提高了 50.06%（$P>0.05$）、163.84%（$P<0.05$）、303.44%（$P<0.05$）和 243.35%（$P<0.05$）。随着土壤镉浓度的增加，稻槎菜 POD 活性呈先降后升的趋势，最大值出现在土壤镉浓度为 100 mg/kg 时（图 3-3）。土壤镉浓度为 25 mg/kg 时，稻槎菜 POD 活性低于对照，较对照降低了 9.94%（$P>0.05$）；土壤镉浓度为 50、75 和 100 mg/kg 时，稻槎菜 POD 活性高于对照，分别较对照提高了 5.48%（$P>0.05$）、14.68%（$P<0.05$）和 16.37%（$P<0.05$）。

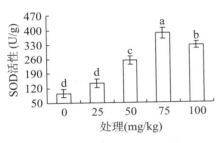

图 3-2 稻槎菜 SOD 活性　　　　　图 3-3 稻槎菜 POD 活性

（四）结论

稻槎菜是一种镉超富集植物，可用于镉污染土壤的修复。在众多已筛选出的镉超富集植物中，夏季生长的植物较多，冬季生长的较少，而能在冬季生长的稻槎菜能够弥补冬季镉污染土壤修复材料的不足。

第三节　镉富集植物的筛选示例与结果

一、猪殃殃的筛选与结果

（一）猪殃殃简介

猪殃殃，茜草科拉拉藤属植物，我国大部分地区均有分布，生于海拔 20~4600 m 的山坡、旷野、沟边、河滩、田中、林缘、草地。

（二）试验材料与筛选方法

1. 试验材料

试验用土为紫色土，取自四川农业大学雅安校区农场，其基本理化性质同本章第二节牛膝菊试验用土。猪殃殃幼苗采自四川农业大学雅安校区农场未被镉污染区域。

2. 筛选方法

试验于 2012 年 9～12 月在四川农业大学雅安校区农场避雨棚中进行。2012 年 9 月，将土壤风干、压碎、过 5 mm 筛后，分别称取 3.0 kg 装于 15 cm× 18 cm（高×直径）的塑料盆内。含镉土壤的配制与本章第二节牛膝菊试验相同。2012 年 10 月，将生长一致的 3 组真叶展开的猪殃殃幼苗移栽至盆中，每盆种植 6 株，每个处理重复 3 次。盆的摆放方式及种植期间的管理方式与本章第二节牛膝菊试验相同。移栽 60 d 后（2012 年 12 月），测量猪殃殃株高、分枝枝条数量和根长，之后测定生物量和镉含量，样品处理方法和指标测定方法同本章第二节牛膝菊试验，并计算根冠比、抗性系数、耐性系数、富集系数、转运系数和镉积累量，其中，耐性系数＝各处理平均根系长度/对照平均根系长度×100（Rout et al.，1999）。

（三）试验结果与分析

1. 猪殃殃的生物量

随着土壤镉浓度的增加，猪殃殃根系生物量、地上部分生物量、整株生物量和抗性系数均减少（表 3－11），但试验期内所有处理均无明显的毒害现象。与对照（0 mg/kg）相比，猪殃殃根系生物量、地上部分生物量和整株生物量显著减少（$P<0.05$），表明土壤高浓度镉对猪殃殃的生长有抑制作用。随着土壤镉浓度的增加，猪殃殃根冠比表现出升高的趋势，表明猪殃殃可以通过提高根冠比增加其对镉的耐性。

表 3－11　猪殃殃的生物量

处理 （mg/kg）	根系 （g/株）	地上部分 （g/株）	整株 （g/株）	根冠比	抗性系数
0	0.266±0.013a	0.491±0.011a	0.757±0.024a	0.542	1.000
25	0.214±0.008b	0.388±0.012b	0.602±0.004b	0.552	0.795
50	0.170±0.004c	0.287±0.007c	0.457±0.003c	0.592	0.604
75	0.161±0.003c	0.224±0.005d	0.385±0.008d	0.719	0.509
100	0.142±0.005d	0.176±0.009e	0.318±0.004e	0.807	0.420

2. 猪殃殃的生长指标

随着土壤镉浓度的增加，猪殃殃的株高、枝条数量和根长均减少（表 3－12）。与对照（0 mg/kg）相比，株高显著减少（$P<0.05$），而根长减少不显著（$P>0.05$），表明猪殃殃根系对土壤镉胁迫具有较强的耐性。当土壤镉浓度超过 25 mg/kg 时，与对照相比，枝条数量显著减少（$P<0.05$）。当土壤镉浓度≤ 75 mg/kg 时，猪殃殃耐性系数高于 90，表明猪殃殃对镉胁迫具有很强的耐性。

表 3-12　猪殃殃的生长指标

处理 （mg/kg）	株高 （cm）	分枝枝条数量	根长 （cm）	耐性系数
0	18.63±0.57a	17.00±1.00a	24.43±0.30a	100.00
25	14.77±0.60b	16.33±1.50ab	24.13±1.14a	98.77
50	11.60±0.21c	15.33±0.51abc	23.00±0.58a	94.15
75	10.40±0.25cd	15.00±0.58bc	22.50±2.25a	92.10
100	9.30±0.21d	14.33±0.19c	21.33±1.57a	87.31

3. 猪殃殃的镉含量和镉积累量

随着土壤镉浓度的增加，猪殃殃根系和地上部分镉含量增加（表 3-13），镉处理间差异显著（$P<0.05$）。土壤镉浓度为 75 和 100 mg/kg 时，猪殃殃地上部分镉含量分别为（139.63±6.26）和（184.43±8.74）mg/kg，均高于镉超富集植物的临界值（100 mg/kg）。在所有处理中，猪殃殃地上部分富集系数均大于 1，这表明猪殃殃地上部分积累镉的能力较强。与生物量一样，猪殃殃地上部分富集系数也随着土壤镉含量的增加而下降。在镉处理中，猪殃殃的转运系数均小于 1，并且随着土壤镉浓度的增加而降低。根据定义，镉超富集植物的镉含量应高于 100 mg/kg，富集系数和转运系数应大于 1。因此，猪殃殃不是镉超富集植物，而是镉富集植物。

随着土壤镉浓度的增加，猪殃殃根系和地上部分镉积累量也增加（表 3-13）。在土壤镉浓度为 100 mg/kg 时，根系和地上部分镉积累量达到最大，分别为（73.94±1.94）和（32.46±0.13）μg/株。因此，在土壤镉浓度为 100 mg/kg 时，猪殃殃具有很好的修复效果。

表 3-13　猪殃殃的镉含量和镉积累量

处理 （mg/kg）	根系镉含量 （mg/kg）	地上部分镉含量（mg/kg）	地上部分富集系数	转运系数	根系镉积累量 （μg/株）	地上部分镉积累量（μg/株）
0	20.96±0.36e	6.32±0.26e	—	0.30	5.58±0.37e	3.10±0.20e
25	102.79±7.56d	48.63±3.73d	1.95	0.47	22.04±2.44d	18.87±0.87d
50	220.20±9.69c	94.73±4.61c	1.89	0.43	37.41±0.77c	27.19±0.66c
75	385.97±7.97b	139.63±6.26b	1.86	0.36	62.16±2.45b	31.28±0.71b
100	520.82±4.73a	184.43±8.74a	1.84	0.35	73.94±1.94a	32.46±0.13a

（四）结论

猪殃殃是一种分布广泛、生长迅速、繁殖能力强，同时适应性强的冬季杂草。研究发现，猪殃殃对镉有很强的耐性，当土壤镉浓度增加时，其根系和地上部分生物量减少，但没有出现明显的毒害现象，其镉含量增加。当土壤镉浓度≥75 mg/kg时，地上部分镉含量高于镉超富集植物的临界值（100 mg/kg），所有镉浓度处理的猪殃殃地上部分富集系数均大于1，而转运系数均小于1。因此，猪殃殃是一种镉富集植物，可用于受镉污染土壤的冬季修复。

二、繁缕的筛选与结果

（一）繁缕简介

繁缕，又名鹅肠菜、鹅耳伸筋、鸡儿肠，为石竹科繁缕属一年生或二年生草本植物，在我国广泛分布（仅新疆维吾尔自治区、黑龙江省未见记录），以山坡、林下、田边、路旁为多。

（二）试验材料与筛选方法

1. 试验材料

试验用土为紫色土，取自四川农业大学雅安校区农场，其基本理化性质同本章第二节牛膝菊试验用土。繁缕种子采取于2013年2月采自四川农业大学雅安校区农场未被镉污染区域。

2. 筛选方法

试验于2013年9~12月在四川农业大学雅安校区农场避雨棚中进行。将土壤风干、压碎、过5 mm筛后，分别称取3.0 kg装于15 cm×18 cm（高×直径）的塑料盆内。将$CdCl_2 \cdot 2.5H_2O$（分析纯）配制成不同浓度的镉溶液，以土壤镉浓度为0 mg/kg作为对照，镉添加浓度（含背景值）分别为25、50、75、100和125 mg/kg，加入土壤中混合均匀，每个处理重复3次，并保证土壤处于湿润状态，在室内自然放置1个月后再次混合均匀后使用。2013年9月，将繁缕种子直接撒播于盆中，每盆20粒。待繁缕幼苗长出2对真叶时进行匀苗，每盆选择长势一致且均匀分布的5株幼苗保留，每天浇水以保持盆中土壤的田间持水量为80%。70 d后繁缕处于盛花期时进行收获，测量繁缕的主枝长度和平均根系长度，并测定生物量和镉含量，样品处理方法和指标测定方法同本章第二节牛膝菊试验，计算根冠比、抗性系数、耐性系数、富集系数、转运系数、镉积累量、金属提取率和植物有效提取金属株数。其中，金属提取率=单株植物镉提取总量×100/土壤镉总量（Zhang et al.，2013），植物有效提取金属株数为从土壤中提取1 g金属到植物地上部分所需的植物株数（García et al.，2004）。

（三）试验结果与分析

1. 繁缕的生物量

随着土壤镉含量的增加，繁缕根系及地上部分生物量呈减少的趋势（表3-14），但没有表现出明显的毒害现象。与对照相比，繁缕整株生物量分别减少了17.31%、34.87%、44.79%、52.12%和59.32%，差异均达显著水平（$P<$

0.05），可见，土壤高含量的镉对繁缕生长的抑制作用强烈。随着土壤镉含量的增加，繁缕的根冠比呈先增后减的趋势（最小值为 0.097），而抗性系数呈降低的趋势（最小值为 0.407）。这些说明在土壤高含量镉的条件下，繁缕的抗性也在减弱。

表 3—14 繁缕的生物量

处理 （mg/kg）	根系 （g/株）	地上部分 （g/株）	整株 （g/株）	根冠比	抗性系数
0	0.198±0.004a	1.385±0.011a	1.583±0.015a	0.143	1.000
25	0.183±0.005b	1.126±0.005b	1.309±0.010b	0.163	0.827
50	0.122±0.004c	0.909±0.003c	1.031±0.001c	0.134	0.651
75	0.095±0.003d	0.779±0.004d	0.874±0.001d	0.122	0.552
100	0.062±0.003e	0.696±0.006e	0.758±0.003e	0.089	0.479
125	0.057±0.002e	0.587±0.004f	0.644±0.002f	0.097	0.407

2. 繁缕的主枝长、平均根长及耐性系数

随着土壤镉含量的增加，繁缕的主枝长、平均根长及耐性系数均呈减少的趋势，但土壤镉含量达到 75 mg/kg 时趋于平缓（图 3—4）。与对照相比，繁缕的主枝长分别减少了 10.66%、26.47%、38.97%、46.69% 和 49.26%，差异均达显著水平（$P < 0.05$）；平均根长分别减少了 8.23%、30.65%、43.68%、49.04% 和 49.81%，差异均达显著水平（$P < 0.05$）。在土壤镉含量为 75、100、125 mg/kg 时，繁缕的耐性系数分别为 56.32%、50.96% 和 50.19%。这说明在极高土壤镉含量条件下，繁缕对镉的耐性下降幅度逐渐缩小。

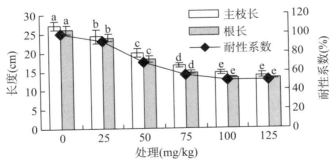

图 3—4 繁缕的主枝长、平均根长及耐性系数

3. 繁缕的镉含量

从表 3—15 可知，随着土壤镉含量的增加，繁缕根系和地上部分镉含量均呈增加的趋势，其最大值均出现在土壤镉含量 125 mg/kg，分别为（1353.09±

16.49）mg/kg 和（136.79±3.24）mg/kg。与对照相比，繁缕根系镉含量分别增加了 1701.28%、5145.32%、8721.18%、11599.51%和 13230.94%，差异均达显著水平（$P < 0.05$）；地上部分镉含量分别增加了 2687.13%、4225.25%、5332.18%、6118.32%和 6671.78%，差异均达显著水平（$P < 0.05$）。这说明繁缕在土壤镉含量较高的情况下能够大量富集镉，使体内镉含量大幅度增加，具有镉超富集植物的基本能力。从富集系数来看，繁缕根系富集系数随着土壤镉含量的增加呈先升后降的趋势，其值为 7.31~11.94；地上部分富集系数随着土壤镉含量的增加呈降低的趋势，其值为 1.09~2.25。这说明繁缕对镉的富集能力随着土壤镉含量的增加在逐渐减弱。除对照外，随着土壤镉含量的增加，繁缕转运系数值逐渐降低，这也说明，繁缕从根系到地上部分的转运能力在逐渐减弱，不利于繁缕在土壤高镉含量条件下富集镉。

表 3-15　繁缕的镉含量

处理 （mg/kg）	根系 （mg/kg）	地上部分 （mg/kg）	根系富集系数	地上部分富集系数	转运系数
0	10.15±0.41f	2.02±0.11f	—	—	0.199
25	182.83±2.47e	56.30±1.29e	7.31	2.25	0.308
50	532.40±9.83d	87.37±2.21d	10.65	1.75	0.164
75	895.35±10.37c	109.73±3.14c	11.94	1.46	0.123
100	1187.50±8.83b	125.61±2.07b	11.31	1.26	0.106
125	1353.09±16.49a	136.79±3.24a	10.82	1.09	0.101

4. 繁缕的镉积累量

随着土壤镉含量的增加，繁缕根系、地上部分及整株的镉积累量均呈先增后减的趋势（表 3-16）。在土壤镉含量为 75 mg/kg 时，繁缕根系镉积累量达最大值，为（85.06±3.76）μg/株，比对照增加了 4131.84%（$P < 0.05$）。在土壤镉含量为 100 mg/kg 时，繁缕地上部分镉积累量达最大值，为（87.42±2.19）μg/株，比对照增加了 3022.14%（$P < 0.05$）。繁缕整株镉积累量的最大值出现在土壤镉含量为 75 mg/kg 时，为（170.54±0.87）μg/株，比对照增加了 3445.53%（$P < 0.05$）。在土壤镉含量分别为 25、50、75、100 和 125 mg/kg 时，繁缕的金属提取率分别为 0.129、0.096、0.076、0.054 和 0.042，金属提取率逐渐降低。在土壤镉含量分别为 0、25、50、75、100 和 125 mg/kg 时，相应的植物有效提取金属株数分别为 357143、15775、12591、11699、11439 和 12453。可见，繁缕的单株提取率较低。

表 3-16　繁缕的镉积累量

处理 （mg/kg）	根系 （μg/株）	地上部分 （μg/株）	整株 （μg/株）	金属提取率	植物有效提取金属株数
0	2.01±0.12d	2.80±0.18d	4.81±0.29f	—	357143
25	33.46±0.46e	63.39±1.17c	96.85±0.71e	0.129	15775
50	64.95±0.93c	79.42±2.28b	144.37±1.34d	0.096	12591
75	85.06±3.76a	85.48±2.88a	170.54±0.87a	0.076	11699
100	73.63±3.02b	87.42±2.19a	161.05±0.82b	0.054	11439
125	77.13±1.77b	80.30±1.35b	157.43±3.12c	0.042	12453

（四）结论

繁缕是一种生长迅速、广泛分布、适应能力强的冬季农田杂草。繁缕对镉的耐性强，当土壤镉含量≥75 mg/kg 时，地上部分镉含量大于镉超富集植物的临界值（100 mg/kg），根系富集系数和地上部分富集系数均大于 1，但转运系数小于 1，因此繁缕是一种镉富集植物，可用于镉污染土壤的冬季修复。

三、牛繁缕的筛选与结果

（一）牛繁缕简介

牛繁缕，又名鹅儿菜、抽筋菜，为石竹科牛繁缕属二年生或多年生草本植物，分布于我国南北各地，生于海拔 350～2700 m 的河流两旁冲积沙地的低湿处或灌丛林缘和水沟旁。

（二）试验材料与筛选方法

1. 试验材料

试验用土为紫色土，取自四川农业大学雅安校区农场，其基本理化性质同本章第二节牛膝菊试验用土。牛繁缕幼苗于 2013 年 8 月采自四川省雅安市宝兴县明礼乡（30°38′N，102°71′E），并种植于四川农业大学雅安校区农场。2014 年 4 月底，将长势一致的、长约 10 cm 的牛繁缕枝条剪下，扦插于装有河沙的穴盘中，浇水保持基质湿润，并用遮阳网遮光。待牛繁缕扦插苗长出根系后，拆除遮阳网，炼苗。

2. 筛选方法

试验于 2014 年 4～6 月在四川农业大学雅安校区农场避雨棚中进行。2014 年 4 月，将土风干、压碎、过 5 mm 筛后，分别称取 3.0 kg 装于 15 cm×18 cm（高×直径）的塑料盆内，以分析纯的 $CdCl_2 \cdot 2.5H_2O$ 的形式加入镉使土壤镉浓度为 0、25、50、75、100、125 和 150 mg/kg，并与土壤充分混匀，保持土壤湿润，自然放置平衡 4 周后再次混匀备用。2014 年 5 月，选择长势一致，根系良好的牛繁缕扦插苗移栽至盆中，每盆种植3株，每个处理重复3次。盆的摆放方式及种植期间的管理方式与本章第二节牛膝菊试验相同。60 d后，测定牛繁缕叶片的光合色素（叶绿素a、叶绿素b、叶绿素总量和类胡萝卜素）含量、生物量和镉含量，样品处理方法和指标测定方法同本章第二节牛膝菊试验，并计算根冠比、抗性系数、富集系数、转运系数、生物富集量系数和转运量系数。

（三）试验结果与分析

1. 牛繁缕的生物量

从表3-17可以看出，牛繁缕根系、地上部分和整株生物量均随土壤镉浓度的增加而减少。与对照相比，从低浓度到高浓度，牛繁缕整株生物量依次减少了6.93%（$P<0.05$）、37.73%（$P<0.05$）、38.97%（$P<0.05$）、62.62%（$P<0.05$）、68.50%（$P<0.05$）和74.09%（$P<0.05$）。当土壤镉浓度为50和75 mg/kg时，牛繁缕的整株生物量有所减少但差异不显著，表明牛繁缕对一定处理浓度范围的镉具有较强的耐性。当土壤镉浓度大于100 mg/kg时，牛繁缕的整株生物量减少并且各处理间差异达显著水平。由此可见，高浓度的镉对牛繁缕的生长有明显的抑制作用。牛繁缕根冠比随着土壤镉浓度的增加呈增加的趋势，最小值和最大值分别为0.204和0.429。牛繁缕抗性系数则随着土壤镉浓度的增加呈降低的趋势，当土壤镉浓度≤75 mg/kg时，抗性系数均大于0.5。

表3-17　牛繁缕的生物量

处理 (mg/kg)	根系 (g/株)	地上部分 (g/株)	整株 (g/株)	根冠比	抗性系数
0	0.481±0.004a	2.360±0.041a	2.841±0.045a	0.204	1.000
25	0.465±0.005b	2.179±0.014b	2.644±0.019b	0.213	0.931
50	0.378±0.003c	1.391±0.032c	1.769±0.035c	0.272	0.623
75	0.353±0.003d	1.381±0.015c	1.734±0.018c	0.256	0.610
100	0.268±0.004e	0.794±0.008d	1.062±0.012d	0.338	0.374
125	0.227±0.007f	0.668±0.004e	0.895±0.011e	0.340	0.315
150	0.221±0.001f	0.515±0.006f	0.736±0.007f	0.429	0.259

2. 牛繁缕的光合色素含量

不同镉浓度处理下，牛繁缕光合色素含量有所不同，从表3-18可以看出。随着土壤镉浓度的增加，牛繁缕叶绿素a含量呈现先降低后增加再降低的趋势，叶绿素b和类胡萝卜素含量呈现依次降低的趋势。当土壤镉浓度为0 mg/kg时，牛繁缕叶绿素总量含量最大，为（1.534±0.084）mg/kg，随着土壤镉浓度的增加，各处理条件下，叶绿素总量含量依次为对照的95.37%（$P>0.05$）、87.87%（$P<0.05$）、84.68%（$P<0.05$）、80.90%（$P<0.05$）、76.08%

（$P<0.05$）和 68.71%（$P<0.05$）。当土壤镉浓度为 25 mg/kg 时，牛繁缕叶绿素总量含量与对照差异不显著；当土壤镉浓度为 50、75 和 100 mg/kg 时，各处理间叶绿素总量含量差异亦不显著；当土壤镉浓度≥125 mg/kg 时，各处理叶绿素总量含量降低且差异达到显著水平。牛繁缕叶绿素 a/b 则表现为随着土壤镉浓度的增加呈先升高后降低再升高的趋势。当土壤镉浓度为 25 mg/kg 时，牛繁缕叶绿素 a/b 最大，为 3.837，是对照的 1.098 倍；当土壤镉浓度为 100 mg/kg 时，牛繁缕叶绿素 a/b 最小，为对照的 94.28%；当土壤镉浓度为 150 mg/kg 时，牛繁缕叶绿素 a/b 接近对照值，为对照的 98.08%。

表 3-18　牛繁缕的光合色素含量

处理 （mg/kg）	叶绿素 a （mg/g）	叶绿素 b （mg/g）	叶绿素总量 （mg/g）	类胡萝卜素 （mg/g）	叶绿素 a/b
0	1.193±0.068a	0.341±0.016a	1.534±0.084a	0.435±0.026a	3.495
25	1.161±0.045a	0.302±0.010b	1.463±0.055a	0.419±0.014a	3.837
50	1.051±0.019b	0.297±0.004b	1.348±0.023b	0.387±0.007b	3.542
75	1.007±0.046bc	0.294±0.006b	1.299±0.052bc	0.376±0.006bc	3.426
100	0.816±0.014cd	0.289±0.011b	1.241±0.025c	0.358±0.005cd	3.295
125	0.952±0.004d	0.268±0.002c	1.167±0.006d	0.344±0.001d	3.353
150	0.899±0.005e	0.238±0.007d	1.054±0.012e	0.302±0.004e	3.428

3. 牛繁缕的镉含量

从表 3-19 可以看出，随着土壤镉浓度的增加，牛繁缕根系和地上部分的镉含量依次增加。当土壤镉浓度为 25 mg/kg 时，牛繁缕根系富集系数最大，为 16.05。随着土壤镉浓度的增加，牛繁缕根系富集系数维持在较高的水平，均大于 13.50。牛繁缕根系镉含量随着土壤镉浓度由小到大依次为对照的 17.74、31.49、45.48、60.29、75.20 和 89.83 倍，且各处理间差异显著。当土壤镉浓度为 100 mg/kg 时，牛繁缕地上部分镉含量为（118.94±6.06）mg/kg，达到镉超富集植物标准的临界值（100 mg/kg）。各处理的地上部分富集系数随着土壤镉浓度的增加而有所降低，但值均大于 1。就转运系数而言，牛繁缕的转运系数均小于 1，且随着土壤镉浓度的增加而降低。

表 3-19　牛繁缕的镉含量

处理 （mg/kg）	根系 （mg/kg）	地上部分 （mg/kg）	根系富集系数	地上部分富集系数	转运系数
0	22.62±0.58g	5.64±0.14g	—	—	0.249
25	401.36±8.64f	37.97±1.03f	16.05	1.52	0.095

处理 （mg/kg）	根系 （mg/kg）	地上部分 （mg/kg）	根系富 集系数	地上部分 富集系数	转运系数
50	712.37±13.63e	66.81±4.81e	14.25	1.34	0.094
75	1028.67±28.67d	91.29±1.29d	13.72	1.22	0.089
100	1363.70±33.70c	118.94±6.06c	13.64	1.19	0.087
125	1701.11±58.89b	140.77±7.77b	13.61	1.13	0.083
150	2031.91±68.09a	162.68±5.32a	13.55	1.08	0.080

4. 牛繁缕的镉积累量

从表3－20可以看出，牛繁缕地上部分镉积累量随着土壤镉浓度的增加而增加，根系镉积累量则随着土壤镉浓度的增加而呈现先增加后降低的趋势。当土壤镉浓度为75 mg/kg时，牛繁缕地上部分镉积累量最大，显著高于其他镉含量处理。随着土壤镉浓度的增加，牛繁缕整株镉积累量表现为先增后减再增的变化趋势。随着土壤镉浓度的增加，牛繁缕的生物富集量系数和转运量系数均呈降低的趋势。

表3－20　牛繁缕的镉积累量

处理 （mg/kg）	根系 （μg/株）	地上部分 （μg/株）	整株 （μg/株）	生物富集 量系数	转运量系数
0	10.88±0.37f	13.31±0.10d	24.19±0.47f	—	1.22
25	186.63±6.03e	82.74±2.78c	269.37±8.81e	3.31	0.44
50	269.28±3.02d	92.93±4.55b	362.21±7.07d	1.86	0.35
75	363.12±13.21c	126.07±0.41a	489.19±13.62b	1.68	0.35
100	365.47±3.58c	94.44±5.77b	459.91±9.35c	0.94	0.26
125	386.15±1.48b	94.03±4.63b	480.18±6.11b	0.75	0.24
150	449.05±13.02a	83.78±1.76c	532.83±14.78a	0.56	0.19

（四）结论

牛繁缕是一种分布范围广的农田杂草，其地上部分的镉含量大于镉超富集植物标准，并且地上部分和根系的富集系数均大于1，但转运系数小于1，是一种镉富集植物。牛繁缕根系对镉的富集能力极强，其根系、地上部分和整株的镉积累量最大分别能达到（449.05±13.02）、（126.07±0.41）和（532.83±14.78）μg/株。可见，牛繁缕具有较强的镉富集能力，可作为镉污染土壤的修复材料。

第四节　花卉型镉富集植物的筛选示例与结果

一、硫华菊的筛选与结果

（一）硫华菊简介

硫华菊，又名黄秋英、黄波斯菊、黄花波斯菊、硫黄菊、黄芙蓉等，菊科秋英属一年生草本植物，原产于墨西哥，现在在我国多作园林用途，最宜多株丛植或片植。

（二）试验材料与筛选方法

1. 试验材料

试验用土为紫色土，取自四川农业大学雅安校区农场，其基本理化性质同本章第二节牛膝菊试验用土。硫华菊幼苗采自四川农业大学雅安校区农场花卉苗圃基地。

2. 筛选方法

试验于 2015 年 3~6 月在四川农业大学雅安校区农场避雨棚中进行。土壤中加入的镉含量分别为 0、10、25、50、75、100 和 150 mg/kg，每个镉浓度处理重复 3 次。2015 年 4 月，选取生长一致的 2 对真叶展开的硫华菊幼苗直接移栽至盆中，每盆 4 株，每天浇水以保持盆中土壤的田间持水量为 80%。60 d 后（2015 年 6 月）硫华菊处于盛花期，测定光合色素（叶绿素 a、叶绿素 b、叶绿素总量及类胡萝卜素）含量、抗氧化酶（SOD、POD 和 CAT）活性、可溶性蛋白含量、生物量和镉含量，样品处理方法和指标测定方法同本章第二节牛膝菊和稻槎菜试验，并计算根冠比、富集系数、转运系数、镉积累量和转运量系数。

（三）试验结果与分析

1. 硫华菊的生物量

从表 3−21 可以看出，随着土壤镉含量的增加，硫华菊的根系、茎秆、叶片及地上部分生物量呈先增后减的趋势，但均未表现出明显的毒害现象。在土壤镉浓度为 10 mg/kg 时，硫华菊的生物量高于对照（0 mg/kg），其根系及地上部分生物量分别较对照增加了 1.08%（$P>0.05$）和 0.66%（$P>0.05$），说明低浓度的土壤镉可以促进硫华菊的生长。当土壤镉浓度≥25 mg/kg 时，硫华菊的生物量均低于对照，说明高浓度的土壤镉抑制了硫华菊的生长。在土壤镉浓度为25、50、75、100 和 150 mg/kg 时，硫华菊根系生物量分别较对照降低了 6.87%（$P<0.05$）、9.94%（$P<0.05$）、17.71%（$P<0.05$）、28.64%（$P<0.05$）和 47.97%（$P<0.05$），地上部分生物量分别较对照降低了 7.80%（$P<0.05$）、12.32%（$P<0.05$）、20.42%（$P<0.05$）、23.48%（$P<0.05$）和

42.98％（$P<0.05$）。就根冠比而言，随着土壤镉浓度的增加，硫华菊根冠比也呈先升后降的趋势。在土壤镉浓度为 10、25、50 和 75 mg/kg 时，硫华菊根冠比均高于对照，其中以土壤镉浓度为 75 mg/kg 的根冠比最大，这说明硫华菊通过提高根系所占比重增强对土壤镉胁迫的抗性；在土壤镉浓度为 100 和 150 mg/kg 时，硫华菊根冠比低于对照，说明此时硫华菊根系受到的抑制作用较强。

表 3-21　硫华菊的生物量

处理 （mg/kg）	根系 （g/株）	茎秆 （g/株）	叶片 （g/株）	地上部分 （g/株）	根冠比
0	1.107±0.010a	1.389±0.010a	1.354±0.023a	2.743±0.033a	0.404
10	1.119±0.023a	1.397±0.018a	1.364±0.037a	2.761±0.055a	0.405
25	1.031±0.027b	1.269±0.016b	1.260±0.028b	2.529±0.044b	0.408
50	0.997±0.033b	1.225±0.021b	1.180±0.014c	2.405±0.035c	0.415
75	0.911±0.013c	1.170±0.028c	1.013±0.010d	2.183±0.038d	0.417
100	0.790±0.014d	1.158±0.013c	0.941±0.021e	2.099±0.034d	0.376
150	0.576±0.006e	0.911±0.027d	0.653±0.006f	1.564±0.033e	0.368

2. 硫华菊的光合色素含量

随着土壤镉浓度的增加，硫华菊叶片叶绿素 a、叶绿素 b、叶绿素总量及类胡萝卜素含量均呈先增后减的趋势（表 3-22），这与硫华菊的生物量一致。在土壤镉浓度为 10 mg/kg 时，硫华菊叶片叶绿素 a、叶绿素 b、叶绿素总量及类胡萝卜素含量均高于对照，分别较对照增加了 0.73％（$P>0.05$）、1.54％（$P>0.05$）、0.96％（$P>0.05$）和 7.59％（$P>0.05$），这有利于硫华菊进行光合作用，促进其生长。当土壤镉浓度≥25 mg/kg 时，硫华菊叶片叶绿素 a、叶绿素 b、叶绿素总量及类胡萝卜素含量均低于对照。从叶绿素 a/b 来看，随着土壤镉浓度的增加，硫华菊叶片叶绿素 a/b 呈先升后降的趋势，但不同浓度镉处理的硫华菊叶片叶绿素 a/b 均高于对照，其中最大值出现在土壤镉浓度为 75 mg/kg 时。

表 3-22　硫华菊的光合色素含量

处理 （mg/kg）	叶绿素 a （mg/g）	叶绿素 b （mg/g）	叶绿素总量 （mg/g）	类胡萝卜素 （mg/g）	叶绿素 a/b
0	1.363±0.065a	0.519±0.026a	1.882±0.091a	0.527±0.013b	2.621
10	1.373±0.014a	0.527±0.035a	1.900±0.049a	0.567±0.010a	2.622
25	1.315±0.056a	0.491±0.065ab	1.806±0.122ab	0.522±0.018bc	2.678

续表

处理 （mg/kg）	叶绿素 a （mg/g）	叶绿素 b （mg/g）	叶绿素总量 （mg/g）	类胡萝卜素 （mg/g）	叶绿素 a/b
50	1.302±0.011a	0.465±0.027abc	1.767±0.038ab	0.519±0.007bc	2.806
75	1.274±0.019a	0.397±0.085bc	1.671±0.103bc	0.491±0.010c	3.207
100	1.168±0.035b	0.370±0.046bc	1.538±0.081bc	0.447±0.019d	3.157
150	1.068±0.042c	0.355±0.019c	1.423±0.061d	0.428±0.013d	3.008

3. 硫华菊的抗氧化酶活性

从表 3-23 可以看出，硫华菊 SOD 活性随着土壤镉浓度的增加而升高，但 SOD 比活力则呈先升后降再升的趋势。与对照相比，与 SOD 活性变化趋势一致，硫华菊 POD 活性也随着土壤镉浓度的增加而升高，但 CAT 活性则呈降低的趋势。在土壤镉浓度为 10、25、50、75、100 和 150 mg/kg 时，硫华菊 SOD 活性分别较对照提高了 3.11%（$P>0.05$）、4.77%（$P>0.05$）、9.32%（$P>0.05$）、13.17%（$P<0.05$）、21.43%（$P<0.05$）和 81.69%（$P<0.05$），POD 活性分别较对照提高了 35.93%（$P>0.05$）、188.86%（$P<0.05$）、346.61%（$P<0.05$）、558.30%（$P<0.05$）、812.82%（$P<0.05$）和 1028.64%（$P<0.05$），CAT 活性分别较对照降低了 7.62%（$P>0.05$）、12.60%（$P>0.05$）、22.78%（$P<0.05$）、25.20%（$P<0.05$）、58.77%（$P<0.05$）和 73.67%（$P<0.05$）。随着土壤镉浓度的增加，硫华菊可溶性蛋白含量呈先增后减的趋势，但不同浓度的土壤镉处理的硫华菊可溶性蛋白含量均高于对照，其中最大值出现在土壤镉浓度为 75 mg/kg 时。

表 3-23　硫华菊的抗氧化酶活性

处理 （mg/kg）	SOD 活性 （U/g）	SOD 比活力 （U/mg）	POD 活性 [U/(g·min)]	CAT 活性 [U/(g·min)]	可溶性蛋白含量 （mg/g）
0	160.12±6.31d	44.60±2.55bc	80.89±3.18f	138.39±10.95a	3.59±0.06c
10	165.10±4.53d	45.11±0.16b	109.95±27.64f	127.85±7.30a	3.66±0.11c
25	167.75±3.42cd	45.46±0.56b	233.66±14.19e	120.95±10.02ab	3.69±0.12c
50	175.04±7.89cd	44.54±2.97bc	361.26±61.18d	106.86±9.59b	3.93±0.09b
75	181.21±4.80bc	40.09±1.44c	532.50±42.38c	103.51±7.50b	4.52±0.04a
100	194.44±4.36b	47.66±2.15b	738.38±47.46b	57.06±6.89c	4.08±0.09b
150	290.92±9.32a	74.40±1.85a	912.96±65.84a	36.44±4.58d	3.91±0.03b

4. 硫华菊的镉含量

随着土壤镉浓度的增加，硫华菊根系、茎秆、叶片及地上部分的镉含量呈增加的趋势（表3-24）。镉在硫华菊各器官中的分布大小顺序为：根系＞茎秆＞地上部分＞叶片。在土壤镉浓度为25 mg/kg时，硫华菊根系、茎秆和叶片的镉含量分别为（220.18±14.40）、（158.04±11.37）和（64.86±4.04）mg/kg，且地上部分镉含量为（111.62±7.95）mg/kg。此时的硫华菊根系和地上部分镉含量均达到了镉超富集植物标准（100 mg/kg）。土壤镉浓度为10、25、50、75、100和150 mg/kg时，硫华菊根系镉含量分别是对照的7.94、12.68、15.78、18.25、20.50和24.09倍，差异均达显著水平（$P<0.05$），地上部分镉含量分别是对照的6.76、16.63、23.39、29.37、34.03和40.61倍，差异均达显著水平（$P<0.05$）。随着土壤镉浓度的增加，硫华菊地上部分富集系数呈降低的趋势，但地上部分富集系数均大于1。除对照外，硫华菊转运系数随着土壤镉浓度的增加而上升，但转运系数均小于1。因此，按照镉超富集植物的标准，硫华菊不是镉超富集植物，而是镉富集植物。

表3-24　硫华菊的镉含量

处理（mg/kg）	根系（mg/kg）	茎秆（mg/kg）	叶片（mg/kg）	地上部分（mg/kg）	地上部分富集系数	转运系数
0	17.37±1.23f	6.88±0.25f	6.54±0.27g	6.71±0.26g	—	0.39
10	137.96±6.73e	66.66±3.76e	23.50±1.41f	45.34±2.75f	4.53	0.33
25	220.18±14.40d	158.04±11.37d	64.86±4.04e	111.62±7.95e	4.46	0.51
50	274.02±19.69c	209.40±13.29c	102.54±3.59d	156.97±8.39d	3.14	0.57
75	316.92±16.84b	254.10±19.94b	131.20±8.77c	197.07±14.32c	2.63	0.62
100	356.02±21.95b	287.20±20.08b	155.96±8.43b	228.36±15.23b	2.28	0.64
150	418.50±26.16a	326.60±23.48a	197.06±9.98a	272.51±17.19a	1.82	0.65

5. 硫华菊的镉积累量

与镉含量不同，随着土壤镉浓度的增加，硫华菊根系、茎秆、叶片及地上部分镉积累量均呈先增后减的趋势（表3-25）。与对照相比，不同浓度镉处理的硫华菊根系、茎秆、叶片及地上部分镉积累量均高于对照。在土壤镉浓度为10、25、50、75、100和150 mg/kg时，硫华菊根系镉积累量分别是对照的8.03、11.80、14.21、15.01、14.63和12.54倍，差异均达显著水平（$P<0.05$），地上部分镉积累量分别是对照的6.80、15.33、20.51、23.37、26.04和23.15倍，差异也均达显著水平（$P<0.05$），其中地上部分镉积累量最大值为（479.34±24.22）μg/株（土壤镉浓度为100 mg/kg）。从转运量系数来看，硫华菊的转运量系数在土壤镉浓度≥10 mg/kg时，随着土壤镉浓度的增加而升高，有利于促进镉从硫华菊根系向地上部分积累。

表 3-25　硫华菊的镉积累量

处理 （mg/kg）	根系 （μg/株）	茎秆 （μg/株）	叶片 （μg/株）	地上部分 （μg/株）	转运量 系数
0	19.23±1.53d	9.56±0.29f	8.86±0.22f	18.41±0.50f	0.96
10	154.38±4.41c	93.12±4.03e	32.05±1.06e	125.18±5.09e	0.81
25	227.01±8.93b	200.55±11.97d	81.72±3.26d	282.28±15.23d	1.24
50	273.20±10.71a	256.52±11.84c	121.00±2.79c	377.51±14.63c	1.38
75	288.71±11.31a	297.30±16.14b	132.91±7.58a	430.20±23.73b	1.49
100	281.26±12.30a	332.58±19.60a	146.76±4.62b	479.34±24.22a	1.70
150	241.06±12.70b	297.53±12.61b	128.68±5.41bc	426.21±18.02b	1.77

（四）结论

硫华菊根系、茎秆、叶片及地上部分镉含量随着土壤镉浓度的增加呈增加的趋势，且在土壤镉浓度≥25 mg/kg 时，硫华菊地上部分镉含量均超过镉超富集植物标准（100 mg/kg）。不同浓度镉处理的硫华菊地上部分镉富集系数均大于 1，但转运系数均小于 1，因而硫华菊是一种镉富集植物。从镉积累量来看，硫华菊根系、茎秆、叶片及地上部分镉积累量随着土壤镉浓度的增加均呈先增后减的趋势，地上部分镉积累量最大值为（479.34±24.22）μg/株（土壤镉浓度为 100 mg/kg）。因此，硫华菊对镉具有较强的富集能力，可有效地修复镉污染土壤。

二、波斯菊的筛选与结果

（一）波斯菊简介

波斯菊，又名秋英、大波斯菊，菊科秋英属一年生或多年生草本植物，原产于墨西哥，在我国栽培甚广，在路旁、田埂、溪岸多见，生长海拔可达 2700 m。

（二）试验材料与筛选方法

1. 试验材料

试验用土为紫色土，取自四川农业大学雅安校区农场，其基本理化性质同本章第二节牛膝菊试验用土。波斯菊幼苗采自四川农业大学雅安校区农场的花卉苗圃基地。

2. 筛选方法

试验时间为 2015 年 3～6 月，地点为四川农业大学雅安校区农场。试验设置 5 个镉浓度梯度处理（0、10、25、50 和 100 mg/kg），每个处理重复 3 次。供试土壤经风干、压碎、过 5 mm 筛后，称取 3.0 kg 土壤分别装于 15 cm×18 cm（高×直径）的塑料盆内，按设计浓度加入分析纯 $CdCl_2 \cdot 2.5H_2O$ 溶液。土壤与镉溶液充分混匀，并保持湿润状态，自然放置平衡 4 周后再次混匀备用。2015

年4月，选择4株生长一致，有2片真叶展开的波斯菊幼苗移植到每个盆中。每天浇水以保持盆中土壤的田间持水量为80%。待波斯菊生长60 d（盛花期）后，分别测定光合色素（叶绿素a、叶绿素b、叶绿素总量和类胡萝卜素）含量、抗氧化酶（POD、SOD、CAT）活性、可溶性蛋白含量、生物量和镉含量。样品处理方法和指标测定方法同本章第二节牛膝菊和稻槎菜试验，并计算波斯菊根冠比、抗性系数、富集系数、转运系数和镉积累量。

（三）试验结果与分析

1. 波斯菊的生物量

当土壤镉浓度为10 mg/kg时，波斯菊的根系、茎秆、叶片和地上部分生物量与对照没有显著差异（表3-26）。当土壤镉浓度≥25 mg/kg时，波斯菊茎秆、叶片和地上部分生物量显著低于对照（$P<0.05$）。当土壤镉浓度分别为25、50和100 mg/kg时，波斯菊地上部分生物量分别较对照减少了11.48%（$P<0.05$）、32.13%（$P<0.05$）和48.14%（$P<0.05$）。波斯菊的根冠比随着土壤镉浓度的增加而增加，表明波斯菊可以通过增加根的相对量来提高植株对土壤镉的抗性，从而防止高浓度的镉抑制根系的生长。就抗性系数而言，随着土壤镉浓度的增加，波斯菊抗性系数呈先升高后降低的趋势。在土壤镉浓度为10 mg/kg时，波斯菊抗性系数最大，并且高于对照。其他处理条件下的波斯菊抗性系数均高于0.500但均低于对照。

表3-26　波斯菊的生物量

处理 (mg/kg)	根系 (g/株)	茎秆 (g/株)	叶片 (g/株)	地上部分 (g/株)	根冠比	抗性系数
0	0.449±0.011ab	1.498±0.016a	1.437±0.013a	2.935±0.028a	0.153	1.000
10	0.458±0.008a	1.525±0.021a	1.448±0.011a	2.973±0.033a	0.154	1.014
25	0.427±0.007b	1.327±0.018b	1.271±0.010b	2.598±0.028b	0.164	0.894
50	0.378±0.013c	1.021±0.013c	0.971±0.008c	1.992±0.021c	0.190	0.700
100	0.322±0.006d	0.779±0.001d	0.743±0.004d	1.522±0.014d	0.212	0.545

2. 波斯菊的光合色素含量

当土壤镉浓度为10和25 mg/kg时，波斯菊叶绿素a、叶绿素b和叶绿素总量含量与各自对照相比，差异不显著（表3-27），表明土壤中低浓度的镉对叶绿素含量无明显影响。当土壤镉浓度≥50 mg/kg时，叶绿素a、叶绿素b和叶绿素总量含量随着土壤镉浓度的增加而逐渐减少。波斯菊叶绿素a/b的变化与土壤镉浓度的增加无明显关系。当土壤镉浓度为10和50 mg/kg时，叶绿素a/b与对照相比不明显；而土壤镉浓度为25和100 mg/kg时，叶绿素a/b低于对照。类胡萝卜素含量随着镉浓度的增加而减少。当土壤镉浓度分别为10、25、50和

100 mg/kg 时，类胡萝卜素含量分别比对照减少了 10.80%（$P<0.05$）、19.54%（$P<0.05$）、34.13%（$P<0.05$）和 50.33%（$P<0.05$）。

表 3−27　波斯菊的光合色素含量

处理 （mg/kg）	叶绿素 a （mg/g）	叶绿素 b （mg/g）	叶绿素总量 （mg/g）	类胡萝卜素 （mg/g）	叶绿素 a/b
0	1.831±0.017a	0.605±0.001a	2.437±0.018a	3.296±0.016a	3.028
10	1.871±0.034a	0.611±0.009a	2.482±0.043a	2.940±0.021b	3.064
25	1.786±0.036a	0.607±0.013a	2.393±0.023a	2.652±0.033c	2.942
50	1.599±0.039b	0.531±0.025b	2.130±0.065b	2.171±0.032d	3.006
100	1.478±0.045c	0.529±0.021b	2.007±0.066c	1.637±0.015e	2.793

3. 波斯菊的抗氧化酶活性和可溶性蛋白含量

当土壤镉浓度为 10 和 25 mg/kg 时，波斯菊 SOD 活性与对照差异不显著（表 3−28），但镉浓度分别为 50 和 100 mg/kg 时，波斯菊 SOD 活性分别比对照降低 7.95%（$P<0.05$）和 12.55%（$P<0.05$）。土壤镉浓度为 10、25 和 50 mg/kg 时，波斯菊 POD 活性分别较对照增加了 15.06%（$P<0.05$）、26.28%（$P<0.05$）和 25.82%（$P<0.05$），而土壤镉浓度为 100 mg/kg 时与对照差异不显著（$P>0.05$）。随着土壤镉浓度的增加，波斯菊 CAT 活性下降。土壤镉浓度为 10、25 和 50 mg/kg 时，波斯菊 SOD 比活力降低。当土壤镉浓度为 10 和 25 mg/kg 时，波斯菊可溶性蛋白含量较对照增加，在土壤镉浓度为 25 mg/kg 时达到最大值。50 和 100 mg/kg 的土壤镉浓度对波斯菊可溶性蛋白含量没有显著影响（$P>0.05$）。

表 3−28　波斯菊的抗氧化酶活性和可溶性蛋白含量

处理 （mg/kg）	SOD 活性 （U/g）	SOD 比活力 （U/mg）	POD 活性 [U/（g·min）]	CAT 活性 [U/（g·min）]	可溶性蛋白含量 （mg/g）
0	168.86±6.06a	22.70±2.02a	1264.88±37.88c	0.706±0.011a	7.47±0.93c
10	169.98±3.69a	15.85±0.49c	1455.34±73.95b	0.689±0.014a	10.72±0.56b
25	161.20±2.87ab	12.42±0.95d	1597.28±19.26a	0.580±0.007b	13.00±0.76a
50	155.44±2.27bc	19.07±0.62b	1591.46±34.49a	0.575±0.010b	8.15±0.14c
100	147.67±5.64c	21.10±0.78ab	1182.86±48.49c	0.539±0.011c	7.01±0.53c

4. 波斯菊的镉含量

随着土壤镉浓度的增加，波斯菊根系、茎秆、叶片和地上部分镉含量增加，不同器官中镉的分布分别为：根系>茎秆>地上部分>叶片（表 3−29）。当土壤镉浓度分别为 10、25、50 和 100 mg/kg 时，波斯菊根系镉含量分别是对照的

7.41、13.71、22.04 和 31.48 倍，而地上部分镉含量分别是对照的 6.14、23.91、35.98 和 46.76 倍。当土壤镉浓度为 50 mg/kg 时，波斯菊根系和地上部分镉含量分别为（227.64±6.38）和（112.62±5.03）mg/kg，均高于镉超富集植物标准（100 mg/kg）。波斯菊根系和地上部分富集系数均高于 1，而所有处理的转运系数均小于 1。因此，考虑到其对镉的耐性和积累能力，根据镉超富集植物的标准定义，波斯菊不是超富集植物而是镉富集植物。

表 3-29　波斯菊的镉含量

处理 (mg/kg)	根系 (mg/kg)	茎秆 (mg/kg)	叶片 (mg/kg)	地上部分 (mg/kg)	根系富集系数	地上部分富集系数	转运系数
0	10.33±1.02e	3.60±0.17e	2.65±0.08e	3.13±0.13e	—	—	0.303
10	76.56±2.55d	23.74±1.63d	14.47±1.06d	19.23±1.34d	7.66	1.92	0.251
25	141.66±5.69c	92.86±3.35c	56.05±3.68c	74.85±3.45c	5.67	2.99	0.528
50	227.64±6.38b	145.91±6.11b	77.61±4.03b	112.62±5.03b	4.37	2.25	0.515
100	325.23±11.82a	178.05±9.21a	113.14±7.50a	146.36±8.26a	3.25	1.46	0.450

5. 波斯菊的镉积累量

随着土壤镉浓度的增加，波斯菊根系、茎秆、叶片、地上部分和整株镉积累量普遍增加（表 3-30）。当土壤镉浓度分别为 10、25、50 和 100 mg/kg 时，波斯菊根系镉积累量分别是对照的 7.57、13.06、17.84 和 22.61 倍；地上部分镉积累量分别是对照的 6.21、21.13、24.38 和 24.21 倍；而整株镉积累量分别是对照的 6.67、18.43、22.19 和 23.68 倍。波斯菊地上部分和整株镉积累量的最大值分别为（224.30±7.64）和（327.43±12.47）μg/株。所有镉处理中波斯菊的转运量系数均超过 1。当土壤镉浓度为 25、50 和 100 mg/kg 时，波斯菊转运量系数高于对照，表明土壤中较高浓度的镉可以促进波斯菊地上部分镉的积累。

表 3-30　波斯菊的镉积累量

处理 (mg/kg)	根系 (μg/株)	茎秆 (μg/株)	叶片 (μg/株)	地上部分 (μg/株)	整株 (μg/株)	转运量系数
0	4.63±0.34e	5.39±0.20e	3.81±0.09d	9.20±0.29d	13.83±0.63e	1.99
10	35.06±0.52d	36.19±1.98d	20.95±1.37c	57.14±3.35c	92.20±3.86d	1.63
25	60.48±1.43c	123.21±2.74c	71.23±4.12b	194.43±6.86b	254.91±8.28c	3.21
50	82.62±0.37b	148.95±4.38a	75.35±3.26b	224.30±7.64a	306.92±7.26b	2.71
100	104.70±1.97a	138.67±5.41b	84.05±5.09a	222.72±10.50a	327.43±12.47a	2.13

（四）结论

波斯菊是一种分布广泛的花卉植物，对镉胁迫具有很强的耐性，是一种镉富集植物，具有很强的镉富集能力，可以修复受镉污染的土壤。

第四章　果树栽培技术对土壤
重金属镉污染的影响

第一节　植物生长调节剂

植物生长调节剂（Plant growth regulators）是一类与植物激素具有相似生理和生物学效应的物质，是人们在了解天然植物激素的结构和作用机制后，通过人工合成的与植物激素具有类似生理和生物学效应的物质，常在农业生产上使用，以有效调节作物的生长发育过程，达到稳产增产、改善品质、增强抗逆性等目的。现已发现具有调控植物生长发育功能的物质有胺鲜酯（DA－6）、生长素（IAA）、赤霉素（GA_3）、乙烯（C_2H_4）、细胞分裂素（CTK）、脱落酸（ABA）、油菜素内酯（BR）、水杨酸（SA）、茉莉酸（JA）、多效唑（PP333）和烯效唑（S－3307）等。根据主要生理效应的不同，植物生长调节剂可分为3大类：一是生长促进剂，促进分生组织细胞的分裂和伸长，促进营养器官的生长和生殖器官的发育，如赤霉素和细胞分裂素等；二是生长延缓剂，抑制植物茎顶端下部区域的细胞分裂和伸长，使植物生长速率减慢，最终导致植物体节间缩短、矮化、促进生殖生长，如矮壮素（CCC）、比久（B9）、多效唑等；三是生长抑制剂，抑制顶端分生组织生长，使植物丧失顶端优势，侧枝变多，叶变小，生殖器官也受影响，如马来酰肼（MH）等。对目标植物而言，植物生长调节剂是外源的非营养性化学物质，通常可在植物体内转移至作用部位，促进或抑制植物生命过程的某些环节，使之向符合人类需要的方向发展。每种植物生长调节剂都有特定的用途，而且应用技术要求相当严格，只有在特定的施用条件下（包括外界因素）才能对目标植物产生特定的功效。往往改变植物生长调节剂浓度就会得到不同的结果，例如在低浓度下有促进作用，而在高浓度下则变成抑制作用。

果树生长发育中诸多生理生化过程有植物激素参与，植物激素作为信号传导途径中的关键信号分子，通过在细胞通信系统间的交流传递，对果树的生长发育起调节作用。通过吲哚丁酸（IBA）对核桃嫁接苗的研究发现，500 mg/L 的吲哚丁酸溶液能够显著促进核桃嫁接愈伤组织的形成（高本旺等，2006）；乙烯处理能够促进龙眼增加花芽数量（朱建武，1999）；烯效唑对杨梅的新枝生长有抑制作用，但能明显增加杨梅结果枝量（吴振旺等，2001）。

第二节　秸秆还田

秸秆还田是指把不宜直接作饲料的秸秆（杂草、小麦、油菜、玉米和水稻秸秆等）直接或堆积腐熟后施入土壤中的一种方法，是当今世界上普遍重视的一项培肥地力的增产措施，在杜绝了焚烧秸秆造成的大气污染的同时，还有增肥增产作用。秸秆还田能增加土壤有机质、改良土壤结构、疏松土壤、增加孔隙度、减轻容量、促进土壤微生物活力和作物根系的发育（刘义国等，2013；高青海等，2013）。农业生产过程是一个能量转换的过程，作物在生长过程中要不断消耗能量，也需要不断补充能量，不断调节土壤中水、肥、气和热的状况，而秸秆中含有大量的有机物料，在归还于农田之后，经过一段时间的分解，就可以转化成有机质和速效养分，既可改善土壤的理化性状，也可为土壤供应一定养分。秸秆还田除了能为土壤提供一定量的养分，其腐烂和分解过程中释放的化感物质还能够影响作物的生长。植物秸秆中的化感物质能改变作物的生理代谢，进而能够促进作物对养分元素的吸收（白羽等，2012；李秋玲等，2012）。另外，秸秆还田还可促进农业节水、节成本、增产和增效，在环保和农业可持续发展中也受到充分重视。秸秆还田虽节本增效作用显著，但若方法不当，也会导致土壤病菌增加、作物病害加重及缺苗（僵苗）等不良现象。因此，采取合理的秸秆还田措施，才能达到良好的还田效果。

在果树方面，果园覆盖秸秆后能有效提高土壤中有机质的含量，更重要的是增加土壤中可被利用的有机质的含量（廖志文，1997；张桂玲，2011）。研究秸秆覆盖 5 年的苹果园的土壤，发现耕作与秸秆覆盖相结合能显著提高土壤有机质含量，增加速效磷、速效钾含量（高茂盛等，2010）。秸秆覆盖后的罗汉果果园的土壤有机质、全氮等多种养分含量相比未覆盖的均有显著增加（何铁光等，2008）。对重金属而言，植物秸秆腐烂、分解产生的有机酸及腐殖质等有机物能够改变根际 pH 值、氧化还原电位及养分有效性等，进而影响根际土壤重金属的生物有效性（杨仁斌等，2000；葛骁等，2014）。秸秆在土壤中分解会产生大量的低分子量有机酸，而这些有机酸对镉离子的吸附能力很强，从而提高了土壤对镉离子的吸附（O'Dell et al.，2007）。以 0.2%～1.0%稻草还田后，土壤的有效态镉浓度会降低 4.0%～12.5%（徐晔，2011）。稻草还田 4 年以上，通过增加土壤有机质含量，也能促进稻田耕作层土壤有效态镉向有机结合态镉的转变（杨兰等，2015）。也有研究认为，虽然还田秸秆带入土壤的镉只占土壤全镉的 3.8%以下，但还田后土壤中醋酸铵和 DTPA 提取态镉浓度均显著增加。同时，秸秆自身所含的镉在秸秆分解后也会重新释放到土壤中，进而影响镉在后茬农作物中的迁移转运（贾乐等，2010）。此外，秸秆在还田分解过程中还会消耗土壤中大量氧气，使得土壤环境处于还原状态，而土壤镉元素易与硫离子形成硫化镉沉淀，进而使土壤镉的有效性降低（Covelo et al.，2007）。

第三节　混种

混种在中国历史悠久，合理的混种能够使作物充分利用光、热、水和土等资源，提高作物产量。混种具有可操作性强、原理简单、成本投入低和收益直观明显等特点。从经济学角度考虑，混种通过生物多样性及互补机制，可达到控制和减轻病虫害发生的目的，同时可以有效地减少化学药剂使用，降低农药对生态环境的负面影响，大大节约生产成本，从而提高经济效益。从生态效应来讲，生物的多样性和复杂性能够促使农田生态系统稳定，混种在农田生态环境中可以发挥稳定作用，有利于维护生态平衡。混种在一起的作物同时存在竞争和促进作用，可利用植物物种间在时间上或空间上的生态位差异，进行合理的作物搭配，从而获得较佳的经济效益。

在桑树和苜蓿混种中，发现混种后的桑树生物量高于单种，混种后的苜蓿的叶绿素 a、叶绿素 b 含量也都高于单种（胡举伟等，2013）。在重金属污染条件下，混种的植物通过根系分泌的有机酸改变土壤根际环境状况，从而降低或升高土壤中重金属的生物有效性。不同植物混种后，各自对养分和重金属的吸收能力与抗性的不同及根系分泌物的差异，会导致根际土壤环境的改变。重金属污染条件下，根际土壤环境是影响植物提取土壤重金属的主要因素，而混种产生的"根际对话"则可影响植物对重金属吸收及土壤重金属的生物有效性（孙瑞莲等，2005）。

第四节　嫁接

植物受伤后，由于创伤刺激，伤口周围会形成愈伤组织来促进伤口愈合。嫁接就是指将一种植物的器官或组织通过某种手段接到另一植物的适当部位，使两者接合形成愈伤组织，并进一步分化形成输导组织，上下连通使二者结合成一个新植株体的技术。被嫁接的部分为接穗，承受接穗的部分称为砧木。嫁接的主要目的是进行植物的无性繁殖，可用来保存优良品种的性状。在果树栽培中，嫁接能够调节果树的生长发育、增加果树产量、提高果树品质、减少病害，并能促进果树营养元素的吸收和转运，从而提高果树对不良环境（低温、干旱、盐胁迫和重金属胁迫等）的忍耐能力。

有研究表明，葡萄砧木 SO4 和 5BB 嫁接红宝石无核葡萄后，葡萄果实硬度提高、抗压力增强，能明显降低葡萄果实因运输受到的伤害（Venegas et al.，2001）。也有研究发现，苹果果实硬度在不同砧木上的表现存在差异（张秀芝等，2014）。早年有国外学者发现，砧木能改变葡萄中 K、Na、Mg、Ca 和 Cl 的含量，不同砧木对同一接穗的影响不同，同一砧木对不同接穗的影响也不同（Ruhl et al.，1988）。但也有研究发现，脐橙和 447 锦橙嫁接在枳橙砧木上容易发生裂果现象，这可能跟砧木水分代谢的异常有关（Agusti et al.，2003；秦煊南等，1996）。此外，嫁接不仅能促进植物对营养元素的吸收，还能影响其对重金属元素的吸收和转运（张自坤等，2010），并改变果树各组织重金属的亚细胞分布和化学形态（周江涛，2017）。

第五节　杂交

动植物的不同种、属间的交配被称为杂交。杂交是植物遗传改良十分重要的手段，能够将优良植物的基因导入栽培品种中，从而达到改良的目的。将植物的野生种与生产上广泛应用的栽培种进行杂交，能够将野生种优良的性状如抗病性、抗旱性等遗传给杂交后代，使栽培种更能适应自然环境。杂交也是获得植物新种质的有效途径，它可以将两个或者更多的种属中由于自然选择而保留的许多优良性状结合起来形成新的物种。因经历了染色体重新组合的过程，杂交后代可能整合了优良的亲本基因，极有可能表现出杂种优势。

迄今为止，在果树方面采用杂交育种方法进行的研究已存在不少。早年有学者进行了核桃多个品种间的杂交，最终获得了继承父本和母本优良性状的杂种优株（方文亮等，1987）。对李和杏进行远缘杂交发现，在杂交二代中出现了一个抗寒、品质好、树体矮小、产量高的杏新品种（曾烨等，2000）。有国外学者对甜樱桃和酸樱桃的种间杂交进行了研究，获得了抗樱桃叶斑病的杂交后代（Schuster et al.，2013）。在对桃不同父本杂交组合的亲、子代品种的光合特性变化的研究中，发现水蜜桃父本"初香美"与母本"白花"的杂交后代光合作用均高于父本，而父本"白芒蟠桃"与母本"白花"的杂交后代光合作用能力比父本低（姜卫兵等，2006）。在重金属污染条件下，杂交后代可能出现重金属积累量较低的个体（曹应江等，2011；郭燕梅，2008）。

第六节　其他措施

除常用的植物生长调节剂、秸秆还田、混种、嫁接和杂交外，还有很多其他措施能够促进土壤镉污染的修复，比如使用螯合剂、生石灰、碳酸钙等。在重金属污染土壤中添加螯合剂，通过活化重金属元素来增加植物的重金属积累，也是促进重金属污染土壤植物修复的措施之一（宋宾涛等，2017）。常见的合成螯合剂有 EDTA、氮基三乙酸（NTA）、乙二胺二琥珀酸（EDDS）、8－羟基喹啉和邻菲咯啉（$C_{12}H_8N_2$）等。EDTA 是植物修复中最常用的螯合剂，然而 EDTA 及其合成物不易被生物降解，具有较高的环境持久性，可能会导致二次污染和增大重金属浸提进入地下水的风险，被认为不适合于大范围使用（郑明霞等，2007）。

第五章　植物生长调节剂对植物修复的影响

第一节　生长素对植物修复的影响

一、试验材料与方法

（一）试验材料

试验用土为紫色土，取自四川农业大学雅安校区农场，其基本理化性质同第三章第二节牛膝菊试验用土。繁缕幼苗于 2014 年 10 月采自四川农业大学雅安校区农场未被镉污染区域。将采自同一株长约 10 cm 的繁缕枝条扦插于湿润的河砂中，盖上地膜保湿。长出根后进行移栽，移栽前一天揭开地膜炼苗。

（二）试验方法

试验于 2014 年 10～12 月在四川农业大学雅安校区农场避雨棚中进行。将所取土壤风干压碎后过 5 mm 筛，以分析纯的 $CdCl_2 \cdot 2.5H_2O$ 的形式加入镉，使土壤镉浓度为 25 mg/kg，充分混合均匀后装入 18 cm×21 cm（高×直径）的塑料盆，每盆 4.0 kg，保持湿润放置 60 d，不定期翻土混匀。2014 年 10 月，将扦插生根的繁缕苗移栽于花盆中，每盆 4 株。每天浇水以保持盆中土壤的田间持水量为 80%。移栽 30 d 后，分别用 0（对照）、25、50、75 和 100 mg/L 的吲哚丁酸溶液喷施繁缕，每盆喷施 25 mL，每个处理重复 4 次。处理 1 个月后，分别测定光合色素（叶绿素 a、叶绿素 b 叶绿素总量和类胡萝卜素）含量、抗氧化酶（POD、SOD、CAT）活性、可溶性蛋白含量、可溶性糖含量、生物量和镉含量，样品处理方法和指标测定方法同第三章第二节牛膝菊和稻槎菜试验，采用蒽酮比色法测定样品可溶性糖含量（鲍士旦，2000），并计算根冠比、抗性系数、富集系数、转运系数、转运量系数和镉积累量。

二、试验结果与分析

（一）吲哚丁酸对繁缕生物量的影响

与对照相比，吲哚丁酸处理均能增加繁缕的根系、地上部分和整株生物量，在吲哚丁酸浓度为 75 mg/L 时，生物量具有最大值（表 5-1）。当吲哚丁酸浓度≤

75 mg/L 时，繁缕的根系、地上部分和整株生物量随着吲哚丁酸浓度的增加而增加。与对照相比，吲哚丁酸浓度为 50、75 和 100 mg/L 时，繁缕的根系生物量分别增加了 11.03%（$P<0.05$）、32.35%（$P<0.05$）和 22.79%（$P<0.05$），地上部分生物量分别增加了 5.03%（$P<0.05$）、11.13%（$P<0.05$）和 6.64%（$P<0.05$），整株生物量分别增加了 5.68%（$P<0.05$）、13.44%（$P<0.05$）和 8.40%（$P<0.05$），吲哚丁酸处理也提高了繁缕的根冠比和抗性系数，在吲哚丁酸浓度为 75 mg/L 时均达到最大值。

表 5-1　吲哚丁酸对繁缕生物量的影响

吲哚丁酸浓度 （mg/L）	根系 （g/株）	地上部分 （g/株）	整株 （g/株）	根冠比	抗性系数
0	0.136±0.003d	1.114±0.020c	1.250±0.023d	0.120	1.000
25	0.141±0.002cd	1.154±0.010bc	1.295±0.009cd	0.122	1.036
50	0.151±0.002c	1.170±0.007b	1.321±0.009bc	0.129	1.057
75	0.180±0.009a	1.238±0.021a	1.418±0.020a	0.146	1.134
100	0.167±0.010b	1.188±0.018b	1.355±0.028b	0.141	1.084

（二）吲哚丁酸对繁缕光合色素含量的影响

与对照相比，吲哚丁酸处理均能增加繁缕的叶绿素 a、叶绿素 b、类胡萝卜素和叶绿素总量含量，其大小顺序依次为：75 mg/L>100 mg/L>50 mg/L>25 mg/L≈0 mg/L（表 5-2）。50、75 和 100 mg/L 的吲哚丁酸处理的繁缕叶绿素 a 含量较对照分别增加了 6.88%（$P<0.05$）、15.48%（$P<0.05$）和 12.04%（$P<0.05$），叶绿素 b 含量分别增加了 9.30%（$P<0.05$）、23.26%（$P<0.05$）和 15.50%（$P<0.05$），叶绿素总量含量分别增加了 7.29%（$P<0.05$）、17.42%（$P<0.05$）和 12.90%（$P<0.05$）。与对照相比，吲哚丁酸处理能降低繁缕的叶绿素 a/b 值，其大小顺序为：0 mg/L>25 mg/L>50 mg/L>100 mg/L>75 mg/L。

表 5-2　吲哚丁酸对繁缕光合色素含量的影响

吲哚丁酸浓度 （mg/L）	叶绿素 a （mg/g）	叶绿素 b （mg/g）	叶绿素总量 （mg/g）	类胡萝卜素 （mg/g）	叶绿素 a/b
0	1.163±0.006c	0.387±0.006d	1.550±0.010c	0.267±0.006d	2.99
25	1.213±0.061bc	0.403±0.025cd	1.620±0.085bc	0.277±0.012cd	2.98
50	1.243±0.012b	0.423±0.006bc	1.663±0.021b	0.283±0.006bc	2.95
75	1.343±0.015a	0.477±0.015a	1.820±0.027a	0.313±0.012a	2.82
100	1.303±0.012a	0.447±0.006b	1.750±0.027a	0.297±0.006b	2.92

（三）吲哚丁酸对繁缕抗氧化酶活性及碳氮代谢产物含量的影响

繁缕的抗氧化酶（SOD、POD 和 CAT）活性、可溶性蛋白含量和可溶性糖含量随着吲哚丁酸浓度的增加而增加，直到吲哚丁酸浓度达到 75 mg/L，之后开始减少（表5-3）。在 75 mg/L 吲哚丁酸处理时，繁缕的 SOD、POD 和 CAT 活性、可溶性蛋白含量和可溶性糖含量均达到最大值，较对照分别增加了 26.66%（$P<0.05$）、27.51%（$P<0.05$）、35.68%（$P<0.05$）、29.41%（$P<0.05$）和 16.98%（$P<0.05$）。

表 5-3　吲哚丁酸对繁缕抗氧化酶活性及碳氮代谢产物含量的影响

吲哚丁酸浓度 （mg/L）	SOD 活性 （U/g）	POD 活性 [U/(g·min)]	CAT 活性 [U/(g·min)]	可溶性蛋白含量 （mg/g）	可溶性糖含量 （mg/g）
0	104.74±2.12d	880.03±5.44e	16.87±1.02c	18.46±0.47c	7.01±0.19c
25	112.81±2.18c	929.85±8.92d	17.39±1.27c	20.34±1.17bc	7.14±0.21c
50	121.09±3.67b	954.96±8.95c	20.19±0.62b	21.40±0.76b	7.53±0.30bc
75	132.66±0.50a	1122.13±4.98a	22.89±0.13a	23.89±1.07a	8.20±0.11a
100	125.79±2.31b	980.74±4.19b	20.49±0.42b	22.52±0.57ab	7.61±0.12b

（四）吲哚丁酸对繁缕镉含量的影响

与对照相比，50 mg/L 的吲哚丁酸处理能显著增加繁缕的根系镉含量，但其他浓度（25、75 和 100 mg/L）对繁缕镉含量无显著影响（表5-4）。50 mg/L 的吲哚丁酸处理也能显著增加繁缕的地上部分镉含量，在 25 和 75 mg/L 的吲哚丁酸处理时无显著影响，但用 100 mg/L 的吲哚丁酸处理时，繁缕的地上部分镉含量较对照有所减少。繁缕的根系和地上部分镉含量均在 50 mg/L 的吲哚丁酸处理时有最大值，较对照分别增加了 6.68%（$P<0.05$）和 14.02%（$P<0.05$）。繁缕的根系富集系数大小顺序依次为：50 mg/L>25 mg/L>75 mg/L>0 mg/L>100 mg/L，地上部分富集系数大小顺序依次为：50 mg/L>25 mg/L>0 mg/L>75 mg/L>100 mg/L。25 和 50 mg/L 的吲哚丁酸处理能提高繁缕的转运系数，而使用 75 和 100 mg/L 的吲哚丁酸处理时繁缕的转运系数较对照有所降低。

表 5-4　吲哚丁酸对繁缕镉含量的影响

吲哚丁酸浓度 （mg/L）	根系 （mg/kg）	地上部分 （mg/kg）	根系富 集系数	地上部分 富集系数	转运系数
0	142.01±2.84bc	45.66±0.92b	14.20	4.57	0.322
25	147.06±1.34ab	47.57±0.62ab	14.71	4.76	0.323
50	151.49±2.14a	52.06±2.36a	15.15	5.21	0.344
75	145.95±0.08b	44.48±3.10bc	14.60	4.45	0.305
100	139.78±2.51c	40.61±0.85c	13.98	4.06	0.291

（五）吲哚丁酸对繁缕镉积累量的影响

繁缕的根系镉积累量随着吲哚丁酸浓度的增加而增加，直到吲哚丁酸浓度达到 75 mg/L，之后开始减少（表5-5）。与对照相比，只有 75 mg/L 的吲哚丁酸处理能显著增加繁缕的地上部分镉积累量，其余处理较对照均差异不显著。与对照相比，只有 50 和 75 mg/L 的吲哚丁酸处理能显著增加繁缕的整株镉积累量，其余处理较对照均差异不显著。在吲哚丁酸浓度为 75 mg/L 时，繁缕的根系、地上部分和整株镉积累量均达到最大值，分别较对照增加了 36.07%（$P <$ 0.05）、19.76%（$P < 0.05$）和 24.21%（$P < 0.05$）。

表5-5　吲哚丁酸对繁缕镉积累量的影响

吲哚丁酸浓度 （mg/L）	根系 （μg/株）	地上部分 （μg/株）	整株 （μg/株）	转运量系数
0	19.27±1.88c	50.87±1.90bc	70.15±2.78c	2.64
25	20.70±0.45bc	54.90±0.23b	75.59±0.68bc	2.65
50	22.93±0.56ab	55.03±2.93b	77.97±2.37b	2.40
75	26.22±0.06a	60.92±3.12a	87.13±3.06a	2.32
100	23.31±0.94b	48.24±0.26c	71.55±0.68c	2.07

三、结论

在镉胁迫下，吲哚丁酸处理能增加繁缕的生物量且提高其抗性系数，50 mg/L 的吲哚丁酸处理能增加繁缕的根系和地上部分镉含量。当吲哚丁酸浓度为 50、75 和 100 mg/L 时，繁缕的根系镉积累量较对照均显著增加，而只有 75 mg/L 的吲哚丁酸处理能显著增加繁缕的地上部分镉积累量。在吲哚丁酸浓度为 75 mg/L 时，繁缕的镉积累量具有最大值。因此，75 mg/L 的吲哚丁酸处理能有效提高繁缕的植物修复能力。

第二节　赤霉素对植物修复的影响

一、试验材料与方法

（一）试验材料

试验用土为紫色土，取自四川农业大学雅安校区农场，其基本理化性质同第三章第二节牛膝菊试验用土。繁缕幼苗于 2014 年 10 月采自四川农业大学雅安校区农场未被镉污染区域，扦插处理同本章第一节试验。

（二）试验方法

试验于 2014 年 10~12 月在四川农业大学雅安校区农场避雨棚中进行。含镉土壤的制备同本章第一节试验。2014 年 10 月，将扦插生根的繁缕苗移栽于花盆中，每盆 4 株。每天浇水以保持盆中土壤的田间持水量为 80%。移栽30 d后，分别用 0（对照）、5、10、20 和 40 mg/L 的赤霉素溶液喷施繁缕，每盆喷施 25 mL，每个处理重复 4 次。处理 1 个月后，分别测定光合色素（叶绿素 a、叶绿素 b 和类胡萝卜素）含量、抗氧化酶（POD、SOD、CAT）活性、可溶性蛋白含量、可溶性糖含量、生物量和镉含量，样品处理方法和指标测定方法同第三章第二节牛膝菊、稻槎菜和本章第一节试验，并计算根冠比、抗性系数、富集系数、转运系数、转运量系数和镉积累量。

二、试验结果与分析

（一）赤霉素对繁缕生物量的影响

从表 5-6 可以看出，喷施赤霉素提高了繁缕根系生物量、地上部分生物量、整株生物量、根冠比和抗性系数（表 5-6）。与对照相比，繁缕各器官生物量随着赤霉素浓度的增加而增加。繁缕根系、地上部分及整株生物量均在赤霉素浓度为 40 mg/L 时达到最大，分别比对照增加了 17.74%（$P<0.05$）、12.27%（$P<0.05$）和13.18%（$P<0.05$）。

表 5-6　赤霉素对繁缕生物量的影响

赤霉素浓度（mg/L）	根系（g/株）	地上部分（g/株）	整株（g/株）	根冠比	抗性系数
0	0.62±0.02c	4.32±0.09c	4.93±0.11c	0.143	1.00
5	0.65±0.01bc	4.49±0.14bc	5.14±0.15bc	0.145	1.04
10	0.68±0.01b	4.64±0.14ab	5.32±0.14ab	0.146	1.08
20	0.69±0.02ab	4.70±0.07ab	5.40±0.09ab	0.147	1.09
40	0.73±0.02a	4.85±0.11a	5.58±0.13a	0.150	1.13

（二）赤霉素对繁缕光合色素含量的影响

从表 5-7 可以看出，当赤霉素浓度较低时，叶绿素 a、叶绿素 b、叶绿素总量及类胡萝卜素含量均随着赤霉素浓度的增加而显著增加，叶绿素 a 及叶绿素总量含量在赤霉素浓度为 10 mg/L 时达到最大，叶绿素 b 和类胡萝卜素含量则在赤霉素浓度为 20 mg/L 时最大。随着赤霉素浓度的继续增加，光合色素含量反而减少。繁缕叶绿素 a/b 随着赤霉素浓度变化波动较大，无明显的变化规律。

表5-7 赤霉素对繁缕光合色素含量的影响

赤霉素浓度 （mg/L）	叶绿素 a （mg/g）	叶绿素 b （mg/g）	叶绿素总量 （mg/g）	类胡萝卜素 （mg/g）	叶绿素 a/b
0	1.21±0.03d	0.41±0.02d	1.62±0.02d	0.27±0.02d	2.93
5	1.28±0.01bc	0.43±0.01c	1.71±0.01c	0.29±0.01b	2.92
10	1.38±0.03a	0.46±0.02b	1.84±0.03a	0.29±0.01b	3.04
20	1.31±0.02b	0.48±0.03a	1.79±0.03b	0.32±0.01a	2.73
40	1.26±0.02c	0.44±0.04c	1.70±0.03c	0.28±0.02c	2.91

（三）赤霉素对繁缕抗氧化酶活性及碳氮代谢产物含量的影响

从表5-8可以看出，与对照相比，喷施赤霉素使繁缕 SOD、POD 和 CAT 活性升高，且均呈先升高后降低的趋势。在赤霉素浓度为 10 mg/L 时，繁缕 SOD、POD 和 CAT 活性最大，分别较对照增加了 39.87%（$P<0.05$）、25.28%（$P<0.05$）和 130.20%（$P<0.05$）。随着赤霉素浓度继续增大，繁缕 SOD、POD 和 CAT 活性均出现降低的趋势，但 SOD 活性降低不显著。赤霉素处理后，繁缕可溶性蛋白和可溶性糖含量虽显著升高，但各浓度处理之间差异不显著，在赤霉素浓度为 10 mg/L 时最大，较对照分别增加了 28.54%（$P<0.05$）和 16.41%（$P<0.05$）。

表5-8 赤霉素对繁缕抗氧化酶活性及碳氮代谢产物含量的影响

赤霉素浓度 （mg/L）	SOD 活性 （U/g）	POD 活性 [U/(g·min)]	CAT 活性 [U/(g·min)]	可溶性蛋白含量 （mg/g）	可溶性糖含量 （mg/g）
0	105.62±5.09b	700.41±32.14c	11.29±0.80c	13.70±0.82c	6.46±0.03b
5	115.08±1.91b	769.75±37.11bc	17.38±0.47c	16.22±0.25abc	7.31±0.11a
10	147.73±6.80a	877.44±16.59a	25.99±0.36a	17.61±0.12a	7.52±0.20a
20	147.60±4.47a	809.15±30.93ab	24.81±0.75a	16.82±0.69ab	7.36±0.32a
40	140.39±8.39a	760.11±25.07bc	22.84±1.44b	13.90±0.57bc	7.06±0.47ab

（四）赤霉素对繁缕镉含量的影响

从表5-9可以看出，随着赤霉素浓度的增加，繁缕根系和地上部分镉含量均呈先增加后降低的趋势，在赤霉素浓度为 10 mg/L 时达到最大，分别为（154.02±3.54）mg/kg 和（52.80±1.54）mg/kg，但根系镉含量的增加均未达到显著水平（$P>0.05$）。随着赤霉素浓度的继续升高，繁缕各部分镉含量降低，且在赤霉素浓度为 40 mg/L 时，繁缕根系和地上部分镉含量都显著低于对照。繁缕根系、地上部分富集系数和转运系数变化趋势与镉含量变化趋势一致，也在浓度为 10 mg/L 时达到最大值。

表 5-9   赤霉素对繁缕镉含量的影响

赤霉素浓度 （mg/L）	根系 （mg/kg）	地上部分 （mg/kg）	根系 富集系数	地上部分 富集系数	转运系数
0	148.55±2.06a	43.26±2.62b	5.94	1.73	0.291
5	150.31±2.94a	45.53±2.45b	6.01	1.82	0.303
10	154.02±3.54a	52.80±1.54a	6.16	2.11	0.343
20	153.23±1.12a	47.55±2.06ab	6.13	1.90	0.310
40	132.21±3.27b	29.41±1.71c	5.29	1.18	0.222

（五）赤霉素对繁缕镉积累量的影响

从表 5-10 可以看出，喷施赤霉素使繁缕各部分镉积累量增加，且地上部分积累量及增加幅度均大于根系。当赤霉素浓度较低时，繁缕镉积累量随着赤霉素浓度的增加而增加，其根系镉积累量在赤霉素浓度为 20 mg/L 时最大。地上部分与整株镉积累量最大值出现在赤霉素浓度为 10 mg/L 时，较对照分别增加了 31.20%（$P<0.05$）和 25.51%（$P<0.05$）。当赤霉素浓度继续增大时，各部分镉积累量减少，40 mg/L 赤霉素处理的繁缕地上部分及整株镉积累量均显著低于对照。繁缕转运量系数的变化与地上部分镉积累量的变化规律相同，在 10 mg/L 时达到最大值。

表 5-10   赤霉素对繁缕镉积累量的影响

赤霉素浓度 （mg/L）	根系 （μg/株）	地上部分 （μg/株）	整株 （μg/株）	转运量系数
0	91.41±1.78c	186.63±7.26d	278.04±5.48d	2.04
5	97.76±0.11b	204.30±4.55c	302.06±4.44c	2.09
10	104.11±1.30a	244.86±3.23a	348.97±1.32a	2.35
20	106.18±2.26a	223.51±6.35b	329.68±4.09b	2.11
40	96.49±0.14b	142.62±4.96e	239.11±5.09d	1.48

三、结论

在镉胁迫条件下，喷施赤霉素可以提高富集植物繁缕的生物量。随着赤霉素浓度的增加，繁缕光合色素含量、镉含量、镉积累量、抗氧化酶活性、可溶性蛋白含量及可溶性糖含量呈先升后降的趋势，最大值均出现在赤霉素浓度为 10 mg/L 时。因此，喷施赤霉素能够促进繁缕的生长，提高繁缕对镉污染土壤的修复能力，且以 10 mg/L 的赤霉素浓度为最佳。

第三节　脱落酸对植物修复的影响

一、试验材料与方法

（一）试验材料

试验用土为紫色土，取自四川农业大学雅安校区农场，其基本理化性质同第三章第二节牛膝菊试验用土。繁缕幼苗于 2014 年 10 月采自四川农业大学雅安校区农场未被镉污染区域，扦插处理同本章第一节试验。

（二）试验方法

试验于 2014 年 10～12 月在四川农业大学雅安校区农场避雨棚中进行。含镉土壤的制备同本章第一节试验。2014 年 10 月，将扦插生根的繁缕苗移栽于花盆中，每盆 4 株。每天浇水以保持盆中土壤的田间持水量为 80%。移栽 30 d 后，分别用 0（对照）、5、15、25 和 50 mg/L 的脱落酸溶液喷施繁缕，每盆喷施 25 mL，每个处理重复 4 次。处理 1 个月后，分别测定光合色素（叶绿素 a、叶绿素 b 和类胡萝卜素）含量、抗氧化酶（POD、SOD、CAT）活性、可溶性蛋白含量、可溶性糖含量、生物量和镉含量，样品处理方法和指标测定方法同第三章第二节牛膝菊、稻槎菜和本章第一节试验，并计算根冠比、抗性系数、富集系数、转运系数、转运量系数和镉积累量。

二、试验结果与分析

（一）脱落酸对繁缕生物量的影响

从表 5-11 可以看出，喷施脱落酸后，繁缕根系、地上部分及整株生物量均增加，且随着脱落酸浓度的增加呈增加的趋势（除 25 mg/L 处理时的整株生物量外）。当脱落酸浓度为 5、15、25 和 50 mg/L 时，繁缕根系生物量较对照分别增加了 0.37%（$P>0.05$）、6.12%（$P<0.05$）、9.65%（$P<0.05$）和 14.10%（$P<0.05$），地上部分生物量较对照分别增加了 4.49%（$P>0.05$）、9.66%（$P>0.05$）、15.44%（$P<0.05$）和 26.61%（$P<0.05$）。随着脱落酸浓度的增加，繁缕根冠比变化波动较大，且各浓度脱落酸处理的繁缕根冠比均低于对照。从抗性系数来看，喷施脱落酸提高了繁缕的抗性系数，且随着脱落酸浓度的增加，繁缕抗性系数呈升高的趋势，说明试验设计的脱落酸浓度均能促进繁缕的生长。

表 5-11　脱落酸对繁缕生物量的影响

脱落酸浓度 （mg/L）	根系 （g/株）	地上部分 （g/株）	整株 （g/株）	根冠比	抗性系数
0	0.539±0.011c	3.562±0.124c	4.101±0.135c	0.151	1.000
5	0.541±0.014c	3.722±0.111c	4.262±0.124c	0.145	1.039
15	0.572±0.011b	3.906±0.161bc	4.478±0.173bc	0.146	1.092
25	0.591±0.013ab	4.112±0.125b	4.703±0.138b	0.144	1.147
50	0.615±0.009a	4.510±0.127a	5.125±0.137a	0.136	1.250

（二）脱落酸对繁缕光合色素含量的影响

从表 5-12 可以看出，随着脱落酸浓度的增加，繁缕叶片的叶绿素 a、叶绿素总量及类胡萝卜素含量均呈增加的趋势，但叶绿素 b 含量则呈先升后降的趋势。各个处理间的繁缕叶片的叶绿素 a、叶绿素 b、叶绿素总量及类胡萝卜素含量的差异均未达到显著水平。脱落酸浓度为 5、15、25 和 50 mg/L 时，繁缕叶片叶绿素总量含量较对照分别增加了 0.69%（$P>0.05$）、1.60%（$P>0.05$）、3.77% 和 4.39%（$P>0.05$），类胡萝卜素含量较对照分别增加了 0.34%（$P>0.05$）、1.02%（$P>0.05$）、2.71%（$P>0.05$）和 3.39%（$P>0.05$）。繁缕叶绿素 a/b 随着脱落酸浓度变化波动较大，无明显的变化规律。

表 5-12　脱落酸对繁缕光合色素含量的影响

脱落酸浓度 （mg/L）	叶绿素 a （mg/g）	叶绿素 b （mg/g）	叶绿素总量 （mg/g）	类胡萝卜素 （mg/g）	叶绿素 a/b
0	1.305±0.037a	0.447±0.015a	1.752±0.052a	0.295±0.009a	2.916
5	1.311±0.033a	0.453±0.014a	1.764±0.047a	0.296±0.012a	2.895
15	1.326±0.014a	0.454±0.011a	1.780±0.024a	0.298±0.008a	2.922
25	1.348±0.082a	0.470±0.032a	1.818±0.113a	0.303±0.023a	2.869
50	1.361±0.024a	0.468±0.005a	1.829±0.028a	0.305±0.007a	2.910

（三）脱落酸对繁缕抗氧化酶活性及碳氮代谢产物含量的影响

从表 5-13 可以看出，喷施脱落酸提高了繁缕抗氧化酶（SOD、POD 和 CAT）活性。随着脱落酸浓度的增加，繁缕的 SOD、POD 和 CAT 活性均呈先升后降的趋势，但各个处理均高于对照，最大值出现在脱落酸浓度为 15 mg/L 时。脱落酸浓度为 5、15、25 和 50 mg/L 时，繁缕的 SOD 活性较对照分别增加了 18.47%（$P<0.05$）、27.97%（$P<0.05$）、23.25%（$P<0.05$）和 20.09%（$P<0.05$），POD 活性较对照分别增加了 20.20%（$P<0.05$）、67.16%（$P<0.05$）、42.81%（$P<0.05$）和 7.97%（$P>0.05$），CAT 活性较对照分别增加了 5.15%（$P>0.05$）、47.19%（$P<0.05$）、34.88%（$P<0.05$）和 24.35%（$P<0.05$）。喷施脱落酸增加了繁缕的可溶性蛋白含量和可溶性糖含量。随着脱落酸浓度的增加，繁缕的可溶性蛋白含量和可溶性糖含量均呈先升后降的趋势，且各个处理均高于对照，最大值出现在脱落酸浓度为 15 mg/L 时，这与抗氧化酶活性的变化规律一致。

表 5-13　脱落酸对繁缕抗氧化酶活性及碳氮代谢产物含量的影响

脱落酸浓度（mg/L）	SOD 活性（U/g）	POD 活性 [U/(g·min)]	CAT 活性 [U/(g·min)]	可溶性蛋白含量（mg/g）	可溶性糖含量（mg/g）
0	126.26±2.32c	636.18±14.37d	17.29±0.92c	11.07±1.05c	68.62±0.58b
5	149.58±6.08b	764.71±16.63c	18.18±0.51c	11.54±1.09bc	72.49±2.33ab
15	161.58±3.01a	1063.44±68.54a	25.45±0.22a	18.15±1.02a	81.13±7.43a
25	155.62±1.04ab	908.51±10.85b	23.32±1.45b	16.57±0.58a	77.78±2.73ab
50	151.63±5.64ab	686.89±30.44cd	21.50±0.34b	13.77±0.18b	73.98±3.23ab

（四）脱落酸对繁缕镉含量的影响

从表 5-14 可以看出，随着脱落酸浓度的增加，繁缕根系及地上部分镉含量呈先升后降的趋势，最大值出现在脱落酸浓度为 15 mg/L 时。脱落酸浓度为 5、15 和 25 mg/L 时，繁缕根系及地上部分镉含量均高于对照，但脱落酸浓度为 50 mg/L 时的繁缕根系及地上部分镉含量均低于对照。脱落酸浓度为 5、15 和 25 mg/L 时，繁缕根系镉含量分别较对照增加了 3.61%（$P>0.05$）、12.09%（$P<0.05$）和 1.50%（$P>0.05$），地上部分镉含量较对照分别增加了 11.76%（$P>0.05$）、36.30%（$P<0.05$）和 3.29%（$P>0.05$）。脱落酸浓度为 50 mg/L 时，繁缕根系及地上部分镉含量分别较对照降低了 3.61%（$P>0.05$）和 9.70%（$P>0.05$）。随着脱落酸浓度的增加，繁缕根系及地上部分富集系数也呈先升后降的趋势，最大值均出现在脱落酸浓度为 15 mg/L 时。就转运系数而言，其值也随着脱落酸浓度的增加呈先升后降的趋势，最大值出现在脱落酸浓度为 15 mg/L 时。脱落酸浓度为 5、15 和 25 mg/L 时，繁缕转运系数均高于对照；脱落酸浓度为 50 mg/L 时，繁缕转运系数均低于对照。

表 5-14　脱落酸对繁缕镉含量的影响

脱落酸浓度（mg/L）	根系（mg/kg）	地上部分（mg/kg）	根系富集系数	地上部分富集系数	转运系数
0	147.45±4.59b	44.32±1.99bc	5.90	1.77	0.301
5	152.77±6.75ab	49.53±2.14b	6.11	1.98	0.324
15	165.28±7.46a	60.41±4.82a	6.61	2.42	0.366

脱落酸浓度 （mg/L）	根系 （mg/kg）	地上部分 （mg/kg）	根系 富集系数	地上部分 富集系数	转运系数
25	149.66±6.59b	45.78±3.93bc	5.99	1.83	0.306
50	142.13±2.72b	40.02±1.44c	5.69	1.60	0.282

（五）脱落酸对繁缕镉积累量的影响

从表 5-15 可以看出，随着脱落酸浓度的增加，繁缕根系、地上部分及整株镉积累量均呈先升后降的趋势，且各浓度脱落酸处理的繁缕根系及地上部分镉积累量均高于对照。在脱落酸浓度为 15 mg/L 时，繁缕根系、地上部分及整株镉积累量均达到最大值，分别为（94.54±2.40）、（235.93±9.05）和（330.47±11.45）μg/株，较各自对照分别增加了 19.07%、49.45% 和 39.28%（$P <$ 0.05）。这些结果说明浓度为 15 mg/L 的脱落酸能够有效提高繁缕修复镉污染土壤的能力。繁缕转运量系数随着脱落酸浓度的增加呈先升后降的趋势，且各浓度脱落酸处理的繁缕转运量系数均高于对照，最大值为 2.50（脱落酸浓度为 15 mg/L）。喷施脱落酸提高了繁缕的镉提取率，且随着脱落酸浓度的增加也呈先升后降的趋势，最大值为 0.330（脱落酸浓度为 15 mg/L）。

表 5-15　脱落酸对繁缕镉积累量的影响

脱落酸浓度 （mg/L）	根系 （μg/株）	地上部分 （μg/株）	整株 （μg/株）	转运量 系数	镉提取率
0	79.40±0.91c	157.87±1.59c	237.27±2.49c	1.99	0.237
5	82.57±1.59c	184.33±2.45b	266.90±4.04b	2.23	0.267
15	94.54±2.40a	235.93±9.05a	330.47±11.45a	2.50	0.330
25	88.45±1.99b	188.22±10.43b	276.67±12.42b	2.13	0.277
50	87.41±0.26b	180.49±1.42b	267.90±1.67b	2.06	0.268

三、结论

在镉胁迫条件下，脱落酸可促使镉富集植物繁缕的生物量及光合色素含量增加，提高繁缕的镉含量、镉积累量、抗氧化酶（SOD、POD 和 CAT）活性、可溶性蛋白含量及可溶性糖含量。随着脱落酸浓度的增加，繁缕的镉含量、镉积累量、抗氧化酶（SOD、POD 和 CAT）活性、可溶性蛋白含量及可溶性糖含量呈先升后降的趋势，最大值出现在脱落酸浓度为 15 mg/L 时。本研究认为，喷施脱落酸能够促进繁缕的生长，提高繁缕对镉污染土壤的修复能力，且以 15 mg/L 的脱落酸浓度为最佳。

第四节　烯效唑对植物修复的影响

一、试验材料与方法

（一）试验材料

试验用土为紫色土，取自四川农业大学雅安校区农场，其基本理化性质同第三章第二节牛膝菊试验用土。繁缕幼苗于 2014 年 10 月采自四川农业大学雅安校区农场未被镉污染区域，扦插处理同本章第一节试验。

（二）试验方法

试验于 2014 年 10～12 月在四川农业大学雅安校区农场避雨棚中进行。含镉土壤的制备同本章第一节试验。2014 年 10 月，将扦插生根的繁缕苗移栽于花盆中，每盆 4 株。每天浇水以保持盆中土壤的田间持水量为 80%。移栽 30 d 后，分别用 0（对照）、10、20、40 和 80 mg/L 的烯效唑溶液喷施繁缕，每盆喷施 25 mL，每个处理重复 4 次。处理 1 个月后，分别测定光合色素（叶绿素 a、叶绿素 b 和类胡萝卜素）含量、抗氧化酶（POD、SOD、CAT）活性、可溶性蛋白含量、可溶性糖含量、生物量和镉含量，样品处理方法和指标测定方法同第三章第二节牛膝菊、稻槎菜和本章第一节试验，并计算根冠比、抗性系数、富集系数、转运系数、转运量系数和镉积累量。

二、试验结果与分析

（一）烯效唑对繁缕生物量的影响

与对照相比，随着烯效唑浓度的增加，喷施烯效唑减少了繁缕的根系和地上部分生物量（表 5-16）。烯效唑浓度为 10、20、40 和 80 mg/L 时，与对照比较，繁缕的根系生物量分别减少了 1.68%（$P>0.05$）、2.29%（$P>0.05$）、8.87%（$P<0.05$）和 14.83%（$P<0.05$），地上部分生物量分别减少了 8.95%（$P<0.05$）、11.83%（$P<0.05$）、20.58%（$P<0.05$）和 24.09%（$P<0.05$）。随着烯效唑浓度的增加，繁缕的根冠比先升高后降低。

表 5-16　烯效唑对繁缕生物量的影响

烯效唑浓度（mg/L）	根系（g/株）	地上部分（g/株）	整株（g/株）	根冠比
0	0.654±0.011a	3.566±0.093a	4.220±0.105a	0.183
10	0.643±0.014a	3.247±0.066b	3.890±0.081b	0.198
20	0.639±0.010a	3.144±0.062b	3.783±0.072b	0.203

烯效唑浓度 （mg/L）	根系 （g/株）	地上部分 （g/株）	整株 （g/株）	根冠比
40	0.596±0.008b	2.832±0.045c	3.428±0.054c	0.210
80	0.557±0.013c	2.707±0.151c	3.264±0.164c	0.206

（二）烯效唑对繁缕光合色素含量的影响

随着烯效唑浓度的增加，繁缕的叶绿素 a、叶绿素 b、叶绿素总量和类胡萝卜素含量先增加后减少（表 5-17）。烯效唑浓度为 40 mg/L 时，叶绿素 a、叶绿素 b、叶绿素总量和类胡萝卜素含量达到最大值。当烯效唑浓度为 10、20、40 和 80 mg/L 时，与对照相比，繁缕的叶绿素总量含量分别增加了 2.12%（$P>0.05$）、2.59%（$P>0.05$）、5.58%（$P<0.05$）和 4.58%（$P>0.05$）。类胡萝卜素含量分别增加了 0.71%（$P>0.05$）、1.42%（$P>0.05$）、7.47%（$P<0.05$）和 6.05%（$P>0.05$）。随着烯效唑浓度的增加，繁缕的叶绿素 a/b 呈先升高后下降的趋势，当烯效唑浓度为 10 mg/L 时，达到最大值 2.917。

表 5-17 烯效唑对繁缕光合色素含量的影响

烯效唑浓度 （mg/L）	叶绿素 a （mg/g）	叶绿素 b （mg/g）	叶绿素总量 （mg/g）	类胡萝卜素 （mg/g）	叶绿素 a/b
0	1.264±0.035b	0.438±0.017b	1.702±0.051b	0.281±0.009b	2.886
10	1.294±0.036ab	0.444±0.016ab	1.738±0.052ab	0.283±0.014b	2.917
20	1.297±0.040ab	0.449±0.019ab	1.746±0.059ab	0.285±0.010ab	2.886
40	1.327±0.011a	0.470±0.015a	1.797±0.026a	0.302±0.010a	2.825
80	1.313±0.014ab	0.466±0.006ab	1.780±0.010ab	0.298±0.004ab	2.816

（三）烯效唑对繁缕抗氧化酶活性及碳氮代谢产物含量的影响

烯效唑提高了繁缕可溶性蛋白含量，但降低了繁缕可溶性糖含量（表 5-18）。烯效唑能提高 SOD、POD 和 CAT 的活性，当烯效唑浓度为 40 mg/L 时，SOD、POD 和 CAT 活性分别达到最大值。当烯效唑浓度为 10、20、40 和 80 mg/L 时，与对照相比，繁缕的 SOD 活性分别增加了 1.59%（$P>0.05$）、4.49%（$P>0.05$）、71.25%（$P<0.05$）和 19.05%（$P<0.05$）。POD 活性分别增加了 6.28%（$P>0.05$）、11.27%（$P>0.05$）、46.65%（$P<0.05$）和 29.43%（$P<0.05$）；CAT 活性分别增加了 8.30%（$P>0.05$）、8.85%（$P>0.05$）、60.50%（$P<0.05$）和 43.84%（$P<0.05$）。

表 5－18　**烯效唑对繁缕抗氧化酶活性及碳氮代谢产物含量的影响**

烯效唑浓度（mg/L）	SOD 活性（U/g）	POD 活性[U/(g・min)]	CAT 活性[U/(g・min)]	可溶性蛋白含量（mg/g）	可溶性糖含量（mg/g）
0	107.86±1.94c	909.21±3.75c	16.15±0.54c	15.63±0.91c	9.78±0.54a
10	109.57±3.37c	966.34±84.01c	17.49±0.56c	16.18±0.88c	8.86±0.16ab
20	112.70±1.62c	1011.69±85.98bc	17.58±0.48c	20.12±0.17b	8.50±0.36bc
40	184.70±4.73a	1333.33±59.73a	25.92±0.73a	26.40±1.41a	7.79±0.18c
80	128.41±1.19b	1176.83±54.61ab	23.23±0.71b	22.36±1.13b	8.01±0.44bc

（四）烯效唑对繁缕镉含量和镉积累量的影响

随着烯效唑浓度的增加，繁缕根系镉含量降低，而繁缕地上部分镉含量先增加后减少，在烯效唑浓度为 40 mg/L 时地上部分镉含量达到最高（表 5－19）。烯效唑浓度为 10、20、40 和 80 mg/L 时，与对照相比，繁缕地上部分镉含量分别增加了 6.87%（$P>0.05$）、21.00%（$P<0.05$）、39.10%（$P<0.05$）和 30.58%（$P<0.05$）。当烯效唑浓度为 20 mg/L 和 40 mg/L 时，繁缕的地上部分镉积累量分别较对照增加了 6.68%（$P<0.05$）和 10.47%（$P<0.05$）。烯效唑浓度为 10 mg/L 和 80 mg/L 时，繁缕地上部分镉积累量下降。烯效唑浓度为 20 和 40 mg/L 时，繁缕整株镉积累量较高，烯效唑浓度为 10 mg/L 和 80 mg/L 时，繁缕整株镉积累量较低。

表 5－19　**烯效唑对繁缕镉含量和镉积累量的影响**

烯效唑浓度（mg/L）	根系镉含量（mg/kg）	地上部分镉含量（mg/kg）	根系镉积累量（μg/株）	地上部分镉积累量（μg/株）	整株镉积累量（μg/株）
0	139.88±4.07a	48.34±1.90c	91.48±1.08a	172.38±2.25b	263.86±3.33ab
10	139.24±3.87a	51.66±2.35c	89.53±0.52ab	167.74±4.19b	257.27±4.71b
20	136.28±2.09a	58.49±2.11b	87.08±0.01b	183.89±2.99a	270.98±2.97a
40	134.27±6.04a	67.24±1.75a	80.02±2.46c	190.42±1.92a	270.45±4.38a
80	128.27±4.62a	63.12±1.58ab	71.45±0.94d	170.87±5.26b	242.31±4.32c

三、结论

烯效唑的施用抑制了繁缕的生长，促进了镉在土壤中的吸收和迁移。繁缕的生物量和可溶性糖含量随着烯效唑浓度的增加而降低，而抗氧化酶活性、光合色素含量等均随着烯效唑浓度的增加呈先增加后降低的趋势。随着烯效唑浓度的增加，繁缕地上部分镉含量和镉积累量先增加后降低，当烯效唑浓度为 40 mg/L 时达到最高，为（67.24±1.75)mg/kg 和（190.42±1.92)μg/株，分别比对照增加了 39.10％和 10.47％。因此，在 20~40 mg/L 浓度范围内，烯效唑能增强繁缕的植物修复能力。

第五节　多效唑对植物修复的影响

一、试验材料与方法

（一）试验材料

试验用土为紫色土，取自四川农业大学雅安校区农场，其基本理化性质同第三章第二节牛膝菊试验用土。繁缕幼苗于 2014 年 10 月采自四川农业大学雅安校区农场未被镉污染区域，扦插处理同本章第一节试验。

（二）试验方法

试验于 2014 年 10~12 月在四川农业大学雅安校区农场避雨棚中进行。含镉土壤的制备同本章第一节试验。2014 年 10 月，将扦插生根的繁缕苗移栽于花盆中，每盆 4 株。每天浇水以保持盆中土壤的田间持水量为 80％。移栽 30 d 后，分别用 0（对照）、25、50、100 和 200 mg/L 的多效唑溶液喷施繁缕，每盆喷施 25 mL，每个处理重复 4 次。处理 1 个月后，分别测定光合色素（叶绿素 a、叶绿素 b 和类胡萝卜素）含量、抗氧化酶（POD、SOD、CAT）活性、可溶性蛋白含量、可溶性糖含量、生物量和镉含量，样品处理方法和指标测定方法同第三章第二节牛膝菊、稻槎菜和本章第一节试验，并计算根冠比、抗性系数、富集系数、转运系数、转运量系数和镉积累量。

二、试验结果与分析

（一）多效唑对繁缕生物量的影响

随着多效唑浓度的增加，繁缕根系生物量增加，地上部分生物量减少（表 5-20）。与对照相比，繁缕的整株生物量随着多效唑浓度的增加而减少。在浓度为 25、50、100 和 200 mg/L 的多效唑处理时，繁缕地上部分生物量分别减少了 31.75％（$P < 0.05$）、44.51％（$P < 0.05$）、46.57％（$P < 0.05$）和 50.70％（$P < 0.05$）。繁缕的根冠比随着多效唑浓度的增加而增加，抗性系数随多效唑浓度的增加呈下降趋势。因此，多效唑对繁缕的地上部分生长有抑制作用，但对繁缕的根系生长有促进作用。

表 5-20　多效唑对繁缕生物量的影响

多效唑浓度 （mg/L）	根系 （g/株）	地上部分 （g/株）	整株 （g/株）	根冠比	抗性系数
0	0.462±0.004e	3.779±0.029a	4.240±0.025a	0.122	1.000
25	0.480±0.004d	2.579±0.021b	3.059±0.025b	0.186	0.721
50	0.505±0.011c	2.097±0.034c	2.602±0.026c	0.241	0.614
100	0.537±0.007b	2.019±0.020d	2.555±0.023d	0.266	0.603
200	0.577±0.002a	1.863±0.013e	2.440±0.010e	0.310	0.575

（二）多效唑对繁缕光合色素含量的影响

多效唑可以提高繁缕的叶绿素 a、叶绿素 b、叶绿素总量和类胡萝卜素含量（表 5-21）。当多效唑浓度不超过 100 mg/L 时，繁缕的叶绿素 a、叶绿素 b、叶绿素总量和类胡萝卜素含量增加。叶绿素 a/b 随着多效唑浓度的增加呈下降趋势。

表 5-21　多效唑对繁缕光合色素含量的影响

多效唑浓度 （mg/L）	叶绿素 a （mg/g）	叶绿素 b （mg/g）	叶绿素总量 （mg/g）	类胡萝卜素 （mg/g）	叶绿素 a/b
0	1.272±0.038d	0.434±0.016c	1.706±0.012e	0.286±0.009d	2.931
25	1.413±0.009bc	0.502±0.003b	1.914±0.011c	0.303±0.005bc	2.815
50	1.434±0.022ab	0.512±0.021ab	1.946±0.013b	0.316±0.003ab	2.801
100	1.477±0.039a	0.538±0.023a	2.015±0.012a	0.323±0.013a	2.745
200	1.366±0.017c	0.486±0.008b	1.852±0.014d	0.297±0.009cd	2.811

（三）多效唑对繁缕抗氧化酶活性及碳氮代谢产物的影响

多效唑处理可以提高繁缕的抗氧化酶活性（表 5-22），繁缕 SOD 活性在 100 mg/L 多效唑处理时表现为最大值，POD 和 CAT 活性均在 50 mg/L 多效唑处理时表现为最大值，因此，多效唑可以提高繁缕对镉的抗性。随着多效唑浓度的增加，繁缕的可溶性蛋白质含量在 ≤50 mg/L 时增加，当多效唑浓度 ≥100 mg/L 时，可溶性蛋白质含量下降。在浓度为 25、50 和 100 mg/L 的多效唑处理时，繁缕的可溶性糖含量较对照分别减少了 16.01%（$P<0.05$）、12.49%（$P<0.05$）和 12.46%（$P<0.05$），200 mg/L 多效唑处理时可溶性糖含量较对照增加了 4.59%（$P>0.05$）。

表5-22　多效唑对繁缕抗氧化酶活性及碳氮代谢产物的影响

多效唑浓度 （mg/L）	SOD 活性 （U/g）	POD 活性 [U/(g・min)]	CAT 活性 [U/(g・min)]	可溶性蛋白含 量（mg/g）	可溶性糖含量 （mg/g）
0	123.27±1.94d	833.10±5.14c	16.17±0.35d	13.81±0.17d	8.358±0.617a
25	124.85±0.21d	1064.83±10.41a	17.11±0.38c	18.47±0.46b	7.020±0.116b
50	138.60±1.35b	1072.28±5.37a	20.62±0.01a	20.22±0.78a	7.314±0.097b
100	155.87±4.00a	989.45±3.69b	19.07±0.93b	16.61±0.51c	7.317±0.210b
200	131.65±3.78c	980.93±8.65b	18.50±0.19b	13.91±0.27d	8.742±0.370a

（四）多效唑对繁缕镉含量的影响

低浓度多效唑（25 mg/L 和 50 mg/L）增加了繁缕的根系镉含量，高浓度多效唑（100 和 200 mg/L）则降低了繁缕的根系镉含量（表5-23）。多效唑处理后，繁缕的地上部分镉含量较对照均有所增加，在 25、50、100 和 200 mg/L 的多效唑处理时，分别较对照增加了 4.22%（$P<0.05$）、8.97%（$P<0.05$）、17.68%（$P<0.05$）和 14.59%（$P<0.05$）。当多效唑浓度为 100 mg/L 时，地上部分镉含量达最大值（50.25±0.22）mg/kg。随着多效唑浓度的增加，当多效唑浓度≤50 mg/L 时，繁缕根系富集系数升高，当浓度大于 50 mg/L 时开始减少。在 25、50、100 和 200 mg/L 的多效唑处理时，繁缕的地上部分富集系数均高于对照，在 100 mg/L 时有最大值。

表5-23　多效唑对繁缕镉含量的影响

多效唑浓度 （mg/L）	根系 （mg/kg）	地上部分 （mg/kg）	根系富 集系数	地上部分 富集系数	转运系数
0	138.79±0.03b	42.70±0.02e	5.55	1.71	0.308
25	140.38±1.60b	44.50±0.64d	5.62	1.78	0.317
50	148.48±0.72a	46.53±0.54c	5.94	1.86	0.313
100	125.84±1.25c	50.25±0.22a	5.03	2.01	0.399
200	124.83±1.20c	48.93±0.65b	4.99	1.96	0.392

（五）多效唑对繁缕镉积累量的影响

多效唑处理后，繁缕的根系镉积累量均高于对照，这有利于提高繁缕的植物修复能力（表5-24）。与对照相比，在 25、50、100 和 200 mg/L 的多效唑处理时，繁缕的根系镉积累量分别增加了 5.09%（$P<0.05$）、17.06%（$P<0.05$）、5.40%（$P<0.05$）和 12.35%（$P<0.05$），繁缕的地上部分镉积累量分别减少了 28.86%（$P<0.05$）、39.53%（$P<0.05$）、37.13%（$P<0.05$）和 43.50%（$P<0.05$）。对整株镉积累量而言，多效唑处理可减少繁缕的整株镉积累量。多

效唑处理也降低了繁缕的转运量系数。

表 5-24　　多效唑对繁缕镉积累量的影响

多效唑浓度 （mg/L）	根系 （μg/株）	地上部分 （μg/株）	整株 （μg/株）	转运量系数
0	64.05±0.48d	161.34±3.40a	225.39±2.93a	2.52
25	67.31±1.26c	114.77±2.45b	182.08±4.70b	1.70
50	74.98±1.07a	97.57±2.74c	172.56±3.67c	1.30
100	67.51±1.46c	101.43±0.44c	168.94±1.90cd	1.50
200	71.96±0.56b	91.16±1.37d	163.12±1.93d	1.27

三、结论

　　多效唑处理可促进繁缕根系的生长，但会抑制繁缕地上部分的生长。多效唑处理增加了繁缕的光合色素含量、抗氧化酶活性和可溶性蛋白含量，减少了繁缕的可溶性糖含量。低浓度多效唑（25 和 50 mg/L）可以增加繁缕的根系镉含量，高浓度多效唑（100 和 200 mg/L）则减少。多效唑处理后，繁缕的地上部分镉含量和根系镉积累量有所增加，但其地上部分和整株镉积累量均低于对照。因此，多效唑不能提高繁缕的植物修复能力。

第六章　秸秆还田对植物修复的影响

第一节　超富集植物秸秆还田对植物修复的影响

一、试验材料与方法

（一）试验材料

试验用土为紫色土，取自四川农业大学雅安校区农场，其基本理化性质同第三章第二节牛膝菊试验用土。镉超富集植物红果黄鹌菜、鬼针草、少花龙葵和豨莶的地上部分于 2013 年 8 月在四川农业大学雅安校区农场未被镉污染区域采集。将采集到的 4 种超富集植物地上部分在 80℃下烘干至恒重，然后碾碎过 5 mm 筛，备用。牛膝菊幼苗于 2013 年 9 月在四川农业大学雅安校区农场未被镉污染区域采集。

（二）试验方法

试验于 2013 年 8～10 月在四川农业大学雅安校区农场避雨棚中进行。将土壤风干、压碎、过 5 mm 筛后，分别称取 3.0 kg 装于 15 cm×18 cm（高×直径）的塑料盆内，加入分析纯 $CdCl_2 \cdot 2.5H_2O$ 溶液，使其镉浓度为 40 mg/kg。自然放置，平衡 4 周后将 4 种植物地上部分秸秆粉末混入其中，每盆施用 6 g 秸秆，即每千克土施用 2 g 秸秆，保持土壤的田间持水量为 80%，放置平衡 1 周。选择长势一致的、2 对真叶展开的牛膝菊幼苗移栽至盆中，每盆种植 4 株，每天浇水以保持盆中土壤的田间持水量为 80%。试验设置 5 个处理：未施用（对照）、施用红果黄鹌菜秸秆、施用鬼针草秸秆、施用少花龙葵秸秆和施用豨莶秸秆，每个处理重复 3 次。牛膝菊生长 50 d 后，分别测定抗氧化酶（POD、SOD、CAT）活性、生物量和镉含量，样品处理方法和指标测定方法同第三章第二节牛膝菊和稻槎菜试验，并计算根冠比、富集系数、转运系数和镉积累量。土壤样品风干后，过 1 mm 筛，称取 5.000 g 后用 0.005 mol/L DTPA－TEA 浸提（土液比 1∶2.5），25℃震荡 2 h，用 iCAP 6300 型 ICP 光谱仪测定土壤有效态镉含量。用 pH 计测定土壤 pH 值（土液比 1∶2.5）。

二、试验结果与分析

（一）超富集植物秸秆对牛膝菊生物量的影响

在镉污染土壤中施用红果黄鹌菜秸秆后，牛膝菊的根系、茎秆、叶片、地上部分和整株生物量均显著高于未施用（$P<0.05$），但施用鬼针草、少花龙葵和豨莶秸秆后，牛膝菊的生物量均有所减少（表6-1）。牛膝菊根系、茎秆、叶片、地上部分和整株生物量排序为：红果黄鹌菜秸秆＞未施用＞鬼针草秸秆＞少花龙葵秸秆＞豨莶秸秆。施用4种超富集植物秸秆均提高了牛膝菊根冠比，其大小顺序为：豨莶秸秆＞红果黄鹌菜秸秆＞少花龙葵秸秆＞鬼针草秸秆＞未施用，表明4种超富集植物秸秆的施用都能促进牛膝菊的根系生长。

表6-1　超富集植物秸秆对牛膝菊生物量的影响

处理	根系（g/株）	茎秆（g/株）	叶片（g/株）	地上部分（g/株）	整株（g/株）	根冠比
未施用	0.52±0.01b	1.30±0.04b	0.61±0.04b	1.91±0.08b	2.43±0.09b	0.272
少花龙葵秸秆	0.37±0.03c	0.80±0.03c	0.34±0.04d	1.14±0.07d	1.51±0.10d	0.325
红果黄鹌菜秸秆	0.70±0.02a	1.38±0.05a	0.67±0.03a	2.05±0.08a	2.75±0.10a	0.341
豨莶秸秆	0.36±0.03c	0.68±0.03d	0.31±0.01d	0.99±0.04e	1.35±0.07e	0.364
鬼针草秸秆	0.51±0.02b	1.26±0.04b	0.54±0.03c	1.80±0.07c	2.31±0.09c	0.283

（二）超富集植物秸秆对牛膝菊抗氧化酶活性的影响

在镉污染土壤中施用红果黄鹌菜秸秆后，牛膝菊的 SOD、POD 和 CAT 活性均显著高于未施用（$P<0.05$），但施用鬼针草、少花龙葵和豨莶秸秆后，牛膝菊的抗氧化酶活性均有所下降（表6-2）。牛膝菊抗氧化酶活性的大小顺序为：红果黄鹌菜秸秆＞未施用＞鬼针草秸秆＞少花龙葵秸秆＞豨莶秸秆。

表6-2　超富集植物秸秆对牛膝菊抗氧化酶活性的影响

处理	SOD 活性（U/g）	POD 活性[U/(g·min)]	CAT 活性[U/(g·min)]
未施用	826.55±10.20b	270.95±12.63b	46.48±0.90b
少花龙葵秸秆	747.03±17.21d	199.28±10.92c	37.19±1.74d
红果黄鹌菜秸秆	856.84±18.57a	322.76±18.04a	52.57±1.05a
豨莶秸秆	679.06±25.43e	119.00±6.38d	34.51±1.73d
鬼针草秸秆	790.52±15.64c	233.34±16.04c	41.15±1.92c

（三）超富集植物秸秆对牛膝菊镉含量的影响

施用红果黄鹌菜秸秆、鬼针草秸秆、少花龙葵秸秆和豨莶秸秆后，牛膝菊的根系镉含量均低于未施用（$P<0.05$），其大小顺序为：未施用＞豨莶秸秆＞鬼针

草秸秆>红果黄鹌菜秸秆>少花龙葵秸秆（表6—3）。施用红果黄鹌菜秸秆、鬼针草秸秆和豨莶秸秆后，牛膝菊茎秆、叶片和地上部分的镉含量增加，而施用少花龙葵秸秆则降低了牛膝菊茎秆、叶片和地上部分的镉含量。牛膝菊茎秆镉含量的大小顺序为：红果黄鹌菜秸秆>豨莶秸秆>鬼针草秸秆>未施用>少花龙葵秸秆，对叶片镉含量影响的大小顺序为：鬼针草秸秆>豨莶秸秆>红果黄鹌菜秸秆>未施用>少花龙葵秸秆，对地上部分镉含量影响的大小顺序为：红果黄鹌菜秸秆>鬼针草秸秆>豨莶秸秆>未施用>少花龙葵秸秆。施用红果黄鹌菜秸秆、豨莶秸秆和鬼针草秸秆提高了牛膝菊地上部分的富集系数，而施用少花龙葵秸秆则降低了牛膝菊地上部分的富集系数。施用4种超富集植物秸秆均能提高牛膝菊的转运系数，表明这4种超富集植物秸秆都能促进镉从牛膝菊根系到地上部分的运输，从而降低了牛膝菊根系的镉含量。

表6—3　超富集植物秸秆对牛膝菊镉含量的影响

处理	根系 （mg/kg）	茎秆 （mg/kg）	叶片 （mg/kg）	地上部分 （mg/kg）	地上部分 富集系数	转运系数
未施用	46.89±1.51a	40.61±2.43cd	61.64±2.32cd	47.33±1.06b	1.18	1.01
少花龙葵秸秆	27.22±2.46d	37.70±2.23d	59.90±2.52d	44.32±1.24c	1.11	1.63
红果黄鹌菜秸秆	37.68±2.18c	49.64±2.25a	63.85±3.22c	54.28±0.47a	1.36	1.44
豨莶秸秆	43.52±2.60b	44.98±3.51b	70.33±3.27b	52.92±3.89a	1.32	1.22
鬼针草秸秆	38.13±3.01c	43.57±2.02bc	75.88±2.81a	53.26±0.02a	1.33	1.40

（四）超富集植物秸秆对牛膝菊镉积累量的影响

施用红果黄鹌菜秸秆增加了牛膝菊根系镉积累量（$P>0.05$），其他3种超富集植物秸秆则降低了牛膝菊根系镉积累量（$P<0.05$，表6—4）。施用红果黄鹌菜秸秆和鬼针草秸秆后，牛膝菊根系、茎秆、叶片、地上部分和整株镉积累量均有所增加，但施用豨莶秸秆和少花龙葵秸秆降低了牛膝菊这些器官的镉积累量。施用红果黄鹌菜秸秆的牛膝菊茎秆、叶片、地上部分及整株镉积累量分别较未施用时增加了29.76%（$P<0.05$）、13.78%（$P<0.05$）、23.11%（$P<0.05$）和19.94%（$P<0.05$）。

表6—4　超富集植物秸秆对牛膝菊镉积累量的影响

处理	根系 （μg/株）	茎秆 （μg/株）	叶片 （μg/株）	地上部分 （μg/株）	整株 （μg/株）
未施用	24.38±1.45a	52.79±4.60b	37.60±0.82b	90.39±5.42c	114.77±6.87b
少花龙葵秸秆	10.07±1.68d	30.16±2.86c	20.37±1.73c	50.53±4.59d	60.60±6.27d
红果黄鹌菜秸秆	26.38±2.36a	68.50±5.56a	42.78±0.45a	111.28±6.01a	137.66±8.37a
豨莶秸秆	15.67±2.10c	30.59±0.96c	21.80±1.81c	52.39±2.77d	68.06±4.87c

续表

处理	根系 （µg/株）	茎秆 （µg/株）	叶片 （µg/株）	地上部分 （µg/株）	整株 （µg/株）
鬼针草秸秆	19.45±0.62b	54.90±4.40b	40.98±3.45a	95.88±7.85b	115.33±8.47b

（五）超富集植物秸秆对土壤 pH 值及有效态镉含量的影响

施用红果黄鹌菜的、豨莶的和鬼针草秸秆降低了土壤 pH 值（$P<0.05$），而施用少花龙葵秸秆则提高了土壤 pH 值（$P>0.05$，图 6—1）。施用红果黄鹌菜的、豨莶的和鬼针草秸秆提高了土壤有效态镉含量（$P<0.05$），而施用少花龙葵秸秆则降低了土壤有效态镉含量（$P<0.05$，图 6—2）。

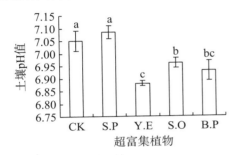

图 6—1　超富集植物秸秆对土壤 pH
值的影响

注：CK＝未施用，S.P＝少花龙葵秸秆，Y.E＝红果黄鹌菜秸秆，S.O＝豨莶秸秆，B.P＝鬼针草秸秆。

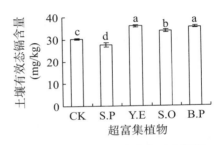

图 6—2　超富集植物秸秆对土壤有
效态镉含量的影响

注：CK＝未施用，S.P＝少花龙葵秸秆，Y.E＝红果黄鹌菜秸秆，S.O＝豨莶秸秆，B.P＝鬼针草秸秆。

三、结论

在镉污染土壤中施用红果黄鹌菜秸秆、豨莶秸秆、鬼针草秸秆和少花龙葵秸秆，只有红果黄鹌菜秸秆增加了牛膝菊根系、茎秆、叶片、地上部分和整株的生物量，提高了抗氧化酶活性。施用红果黄鹌菜秸秆和鬼针草秸秆后，牛膝菊根系、茎秆、叶片、地上部分和整株镉积累量均有所增加，但施用豨莶秸秆和少花龙葵秸秆减少了牛膝菊根系、茎秆、叶片、地上部分和整株镉积累量。因此，施用红果黄鹌菜秸秆和鬼针草秸秆可以提高牛膝菊的植物修复能力，其中施用红果黄鹌菜秸秆对植物修复能力的作用最强。

第二节　富集植物秸秆还田对植物修复的影响

一、试验材料与方法

（一）试验材料

试验用土为紫色土，取自四川农业大学雅安校区农场，其基本理化性质同第三章第二节牛膝菊试验。镉富集植物小飞蓬、碎米荠、旱莲草和豆瓣菜的地上部分于 2013 年 8 月在四川农业大学雅安校区农场未被镉污染区域采集。将采集到的 4 种富集植物地上部分于 110℃ 杀青 15 min，80℃ 下烘干至恒重，碾碎，然后过 5 mm 筛，备用。牛膝菊幼苗于 2013 年 9 月在四川农业大学雅安校区农场未被镉污染区域采集。

（二）试验方法

试验于 2013 年 8～10 月在四川农业大学雅安校区农场避雨棚中进行。镉污染土壤的制备及秸秆的施用同本章第一节试验。选择长势一致的、2 对真叶展开的牛膝菊幼苗移栽至盆中，每盆种植 4 株，每天浇水以保持盆中土壤的田间持水量为 80％。试验设置 5 个处理：未施用（对照）、施用小飞蓬秸秆、施用碎米荠秸秆、施用旱莲草秸秆和施用豆瓣菜秸秆，每个处理重复 3 次。待牛膝菊生长 50 d 后，分别测定抗氧化酶（POD、SOD、CAT）活性、生物量和镉含量，样品处理方法和指标测定方法同第三章第二节牛膝菊和稻槎菜试验，并计算根冠比、富集系数、转运系数、转运量系数和镉积累量。土壤样品风干后，过 1 mm 筛，测定土壤 pH 值、土壤有效态镉含量和土壤酶活性。土壤 pH 值和土壤有效态镉含量测定方法同本章第一节试验。土壤酶活性按照《土壤酶学》（周礼恺，1987）的方法测定，其中土壤过氧化氢酶活性以每克土壤在室温下（30 min）消耗 0.02 mol/L KMnO$_4$ 的毫升数表示，土壤脲酶活性以每克土壤在 37℃ 培养 24 h 释放 NH$_3$－N 的毫克数表示，土壤蔗糖酶活性以每克土壤在 37℃ 培养 24 h 释放葡萄糖的毫克数表示。

二、试验结果与分析

（一）富集植物秸秆对牛膝菊生物量的影响

施用小飞蓬和碎米荠秸秆的牛膝菊根系生物量均高于未施用（$P<0.05$），但施用旱莲草秸秆和豆瓣菜秸秆的牛膝菊根系生物量低于未施用（$P>0.05$；表 6－5）。施用小飞蓬秸秆和碎米荠秸秆的牛膝菊的茎秆、叶片、地上部分及整株生物量均高于未施用，其余 2 种处理则低于未施用。施用小飞蓬秸秆的牛膝菊的茎秆、叶片、地上部分及整株生物量分别较未施用增加了 18.66％（$P<0.05$），

26.56%（$P<0.05$）、21.21%（$P<0.05$）和21.65%（$P<0.05$），而施用碎米荠秸秆的牛膝菊的茎秆、叶片、地上部分及整株生物量分别较未施用增加了2.24%（$P>0.05$）、1.56%（$P>0.05$）、2.02%（$P>0.05$）和4.33%（$P>0.05$）。从根冠比来看，施用4种富集植物的牛膝菊根冠比均高于未施用，其大小顺序为：旱莲草秸秆>碎米荠秸秆>豆瓣菜秸秆>小飞蓬秸秆>未施用，这说明施用富集植物秸秆之后，牛膝菊根系生物量占全株的比重均有所增加。

表6-5　富集植物秸秆对牛膝菊生物量的影响

处理	根系（g/株）	茎秆（g/株）	叶片（g/株）	地上部分（g/株）	整株（g/株）	根冠比
未施用	0.56±0.03c	1.34±0.06b	0.64±0.01b	1.98±0.07b	2.54±0.10b	0.283
小飞蓬秸秆	0.69±0.01a	1.59±0.04a	0.81±0.01a	2.40±0.05a	3.09±0.06a	0.288
碎米荠秸秆	0.63±0.03b	1.37±0.08b	0.65±0.03b	2.02±0.11b	2.65±0.14b	0.312
旱莲草秸秆	0.53±0.02c	0.88±0.07d	0.46±0.01d	1.34±0.08d	1.87±0.10d	0.400
豆瓣菜秸秆	0.54±0.01c	1.22±0.08c	0.60±0.04c	1.82±0.12c	2.36±0.13c	0.297

（二）富集植物秸秆对牛膝菊株高及抗氧化酶活性的影响

施用富集植物秸秆对牛膝菊的株高影响显著（表6-6）。施用小飞蓬秸秆和碎米荠秸秆的牛膝菊株高均高于未施用，分别较未施用增加了10.36%（$P<0.05$）和3.52%（$P<0.05$），而施用旱莲草秸秆和豆瓣菜秸秆的牛膝菊株高均低于未施用。牛膝菊抗氧化酶（SOD、POD和CAT）活性的大小顺序均为：小飞蓬秸秆>碎米荠秸秆>未施用>豆瓣菜秸秆>旱莲草秸秆（表6-6）。施用小飞蓬秸秆和碎米荠秸秆的牛膝菊SOD活性分别比未施用增加了1.88%（$P>0.05$）和1.28%（$P>0.05$），POD活性分别增加了12.74%（$P<0.05$）和4.48%（$P>0.05$），CAT活性分别增加了17.98%（$P<0.05$）和12.84%（$P<0.05$）。这说明小飞蓬秸秆和碎米荠秸秆能提高牛膝菊对镉的抗性，而旱莲草秸秆和豆瓣菜秸秆则降低了牛膝菊对镉的抗性。

表6-6　富集植物秸秆对牛膝菊株高及抗氧化酶活性的影响

处理	株高（cm）	SOD活性（U/g）	POD活性[U/(g·min)]	CAT活性[U/(g·min)]
未施用	34.37±1.87b	818.64±11.20a	268.93±6.37b	46.10±0.71c
小飞蓬秸秆	37.93±1.84a	834.07±15.01a	303.18±11.85a	54.39±2.06a
碎米荠秸秆	35.58±2.75ab	829.08±7.82a	280.97±19.78ab	52.02±1.92b
旱莲草秸秆	30.70±1.48c	584.68±16.74c	179.90±14.47d	29.06±0.54e
豆瓣菜秸秆	34.10±1.79b	708.75±8.73b	229.44±26.92c	35.27±1.76d

（三）富集植物秸秆对牛膝菊镉含量的影响

施用小飞蓬秸秆的牛膝菊根系镉含量高于未施用，但施用碎米荠秸秆、旱莲草秸秆和豆瓣菜秸秆的牛膝菊根系镉含量均低于未施用（表6—7）。与根系不同，施用小飞蓬秸秆、碎米荠秸秆和旱莲草秸秆的牛膝菊茎秆镉含量均高于未施用，仅施用豆瓣菜秸秆的低于未施用。施用4种富集植物秸秆的牛膝菊叶片镉含量和地上部分镉含量均高于未施用。这些结果说明施用富集植物改变了镉在牛膝菊各个器官的分布比例。牛膝菊地上部分镉含量的大小顺序为：旱莲草秸秆>小飞蓬秸秆>碎米荠秸秆>豆瓣菜秸秆>未施用。施用小飞蓬秸秆、碎米荠秸秆、旱莲草秸秆和豆瓣菜秸秆的牛膝菊地上部分镉含量分别比未施用增加了12.01%（$P<0.05$）、9.55%（$P<0.05$）、22.03%（$P<0.05$）和5.39%（$P<0.05$）。就富集系数和转运系数而言，施用小飞蓬秸秆、碎米荠秸秆、旱莲草秸秆和豆瓣菜秸秆的牛膝菊地上部分富集系数和转运系数均高于未施用。

表6—7　富集植物秸秆对牛膝菊镉含量的影响

处理	根系(mg/kg)	茎秆(mg/kg)	叶片(mg/kg)	地上部分(mg/kg)	地上部分富集系数	转运系数
未施用	48.06±2.12b	42.55±1.23c	63.14±3.99c	49.21±2.23d	1.23	1.03
小飞蓬秸秆	52.02±0.98a	44.79±2.21bc	75.39±1.97b	55.12±0.62b	1.38	1.06
碎米荠秸秆	43.60±1.47c	48.87±1.61a	64.54±3.58c	53.91±0.11c	1.35	1.24
旱莲草秸秆	38.15±1.98d	47.62±3.21ab	83.82±5.09a	60.05±0.05a	1.50	1.57
豆瓣菜秸秆	35.65±2.01e	38.68±2.98d	78.66±1.91b	51.86±1.36c	1.30	1.45

（四）富集植物秸秆对牛膝菊镉积累量的影响

与未施用相比，施用小飞蓬秸秆和碎米荠秸秆的牛膝菊根系镉积累量分别增加了33.37%（$P<0.05$）和2.08%（$P>0.05$），但施用旱莲草秸秆和豆瓣菜秸秆的牛膝菊根系镉积累量均有所减少（$P<0.05$；表6—8）。施用小飞蓬秸秆和碎米荠秸秆的牛膝菊茎秆镉积累量均高于未施用（$P<0.05$），但施用旱莲草秸秆和豆瓣菜秸秆则低于未施用（$P<0.05$）。牛膝菊叶片镉积累量的大小顺序为：小飞蓬秸秆>豆瓣菜秸秆>碎米荠秸秆>未施用>旱莲草秸秆。施用小飞蓬秸秆和碎米荠秸秆的牛膝菊地上部分镉积累量和整株镉积累量均高于未施用，而施用旱莲草秸秆和豆瓣菜秸秆则均低于未施用。施用小飞蓬秸秆和碎米荠秸秆的牛膝菊地上部分镉积累量分别比未施用增加了35.78%（$P<0.05$）和11.77%（$P<0.05$），而整株镉积累量分别比未施用增加了35.26%（$P<0.05$）和9.68%（$P<0.05$），说明小飞蓬秸秆和碎米荠秸秆能有效提高牛膝菊对镉污染土壤的修复能力。就转运量系数而言，施用富集植物秸秆的牛膝菊转运量系数均得到提高，其大小顺序为：豆瓣菜秸秆>旱莲草秸秆>碎米荠秸秆>小飞蓬秸秆>未施用。

表 6-8　富集植物秸秆对牛膝菊镉积累量的影响

处理	根系 (μg/株)	茎秆 (μg/株)	叶片 (μg/株)	地上部分 (μg/株)	整株 (μg/株)	转运量系数
未施用	26.91±2.50b	57.02±0.76b	40.41±1.70c	97.43±2.46c	124.34±4.96c	3.62
小飞蓬秸秆	35.89±2.52a	71.22±1.61a	61.07±4.79a	132.29±6.40a	168.18±8.92a	3.69
碎米荠秸秆	27.47±0.43b	66.95±6.35a	41.95±0.55c	108.90±6.90b	136.37±7.33b	3.96
旱莲草秸秆	20.22±1.65c	41.91±6.19c	38.56±1.16c	80.47±7.35d	100.69±9.00e	3.98
豆瓣菜秸秆	19.25±0.62c	47.19±0.36c	47.20±4.48b	94.39±4.84c	113.64±5.46d	4.90

（五）富集植物秸秆对土壤 pH 值、有效态镉含量及酶活性的影响

土壤 pH 值的大小顺序为：未施用>豆瓣菜秸秆>碎米荠秸秆>小飞蓬秸秆>旱莲草秸秆，土壤有效态镉含量的大小顺序为：旱莲草秸秆>小飞蓬秸秆>碎米荠秸秆>豆瓣菜秸秆>未施用，说明施用富集植物秸秆能够降低土壤 pH 值，增加土壤有效态镉含量（表 6-9）。土壤过氧化氢酶活性、土壤脲酶活性和土壤蔗糖酶活性的大小顺序均为：小飞蓬秸秆>碎米荠秸秆>未施用>豆瓣菜秸秆>旱莲草秸秆。施用小飞蓬秸秆和碎米荠秸秆的牛膝菊土壤过氧化氢酶活性分别比未施用增加了 6.06%（$P>0.05$）和 3.03%（$P>0.05$），土壤脲酶活性分别增加了 54.34%（$P<0.05$）和 15.29%（$P<0.05$），土壤蔗糖酶活性分别增加了 36.66%（$P<0.05$）和 23.17%（$P<0.05$）。

表 6-9　富集植物秸秆对土壤 pH 值、有效态镉含量及酶活性的影响

处理	土壤 pH 值	土壤有效态镉含量 (mg/kg)	土壤过氧化氢酶活性 (mL/g)	土壤脲酶活性 (mg/g)	土壤蔗糖酶活性 (mg/g)
未施用	7.06±0.06a	31.86±1.36c	0.33±0.011bc	26.94±0.32c	25.94±0.60c
小飞蓬秸秆	6.91±0.05b	35.86±0.76a	0.35±0.015a	41.58±0.51a	35.45±0.68a
碎米荠秸秆	7.04±0.02a	34.32±0.63b	0.34±0.017ab	31.06±2.16b	31.95±0.10b
旱莲草秸秆	6.81±0.02c	36.07±0.98a	0.21±0.007d	23.96±3.54c	21.55±0.19e
豆瓣菜秸秆	7.05±0.04a	32.15±1.15c	0.32±0.006c	25.04±1.45c	22.94±0.30d

三、结论

施用小飞蓬秸秆和碎米荠秸秆提高了牛膝菊根系、茎秆、叶片、地上部分及整株生物量，也提高了牛膝菊株高和抗氧化酶活性，但施用旱莲草秸秆和豆瓣菜秸秆则降低了牛膝菊的生物量、株高和抗氧化酶活性。施用小飞蓬秸秆、碎米荠秸秆、旱莲草秸秆和豆瓣菜秸秆均提高了牛膝菊地上部分镉含量，但只有施用小飞蓬秸秆和碎米荠秸秆的牛膝菊地上部分镉积累量高于未施用。施用小飞蓬秸秆

和碎米荠秸秆提高了土壤过氧化氢酶活性、土壤脲酶活性和土壤蔗糖酶活性，而施用旱莲草秸秆和豆瓣菜秸秆则降低了土壤酶活性。因此，施用小飞蓬秸秆和碎米荠秸秆均能提高牛膝菊对镉污染土壤的修复能力，以小飞蓬秸秆的效果最佳。

第三节 耐性植物秸秆还田对植物修复的影响

一、试验材料与方法

（一）试验材料

试验用土为紫色土，取自四川农业大学雅安校区农场，其基本理化性质同第三章第二节牛膝菊试验用土。镉耐性植物扬子毛茛（*Ranunculus sieboldii*）、通泉草（*Mazus japonicus*）、邻近风轮菜（*Clinopodium confine*）和车前（*Plantago asiatica*）的地上部分于 2013 年 8 月在四川农业大学雅安校区农场未被污染区域采集。将采集到的 4 种耐性植物地上部分在 80℃下烘干至恒重，碾碎，然后过 5 mm 筛，备用。牛膝菊幼苗于 2013 年 9 月在四川农业大学雅安校区农场未被镉污染区域采集。

（二）试验方法

试验于 2013 年 8~10 月在四川农业大学雅安校区农场避雨棚中进行。2013年 8 月，将土壤风干、压碎、过 5 mm 筛后，分别称取 3.0 kg 装于 15 cm× 18 cm（高×直径）的塑料盆内，加入分析纯 $CdCl_2 \cdot 2.5H_2O$ 溶液，使其镉浓度为 10 mg/kg，自然放置平衡 4 周后再次混合备用。选择长势一致的、2 对真叶展开的牛膝菊幼苗移栽至盆中，每盆种植 5 株，并在每盆土壤表面分别覆盖 4 种镉耐性植物秸秆 6 g，即每千克土壤施用 2 g 秸秆，每天浇水以保持土壤的田间持水量为 80%。试验设置 5 个处理：未覆盖（对照）、覆盖扬子毛茛秸秆、覆盖通泉草秸秆、覆盖邻近风轮菜秸秆和覆盖车前秸秆，每个处理重复 3 次。待牛膝菊生长 50 d 后，分别测定抗氧化酶（POD、SOD、CAT）活性、生物量和镉含量，样品处理方法和指标测定方法同第三章第二节牛膝菊和稻槎菜试验，并计算根冠比、富集系数、转运系数、转运量系数和镉积累量。土壤样品风干后，过 1 mm 筛，测定土壤 pH 值和土壤有效态镉含量，测定方法同本章第一节试验。

二、试验结果与分析

（一）耐性植物秸秆对牛膝菊生物量的影响

从表 6-10 可以看出，覆盖通泉草秸秆显著提高了牛膝菊根系、茎秆、叶片和地上部分生物量，较未覆盖分别增加了 18.75%（$P<0.05$）、9.35%（$P<0.05$）、33.33%（$P<0.05$）和 16.11%（$P<0.05$），而覆盖扬子毛茛秸秆、邻

近风轮菜秸秆和车前秸秆则降低了牛膝菊生物量。牛膝菊根系生物量的大小顺序为：通泉草秸秆＞未覆盖＞车前秸秆＞邻近风轮菜秸秆＞扬子毛茛秸秆，茎秆、叶片和地上部分生物量的大小顺序为：通泉草秸秆＞未覆盖＞邻近风轮菜秸秆＞车前秸秆＞扬子毛茛秸秆。4 种耐性植物秸秆覆盖提高了牛膝菊根冠比，其大小顺序为：车前秸秆＞扬子毛茛秸秆＞邻近风轮菜秸秆＞通泉草秸秆＞未覆盖，表明镉耐性植物秸秆覆盖后促进了牛膝菊根系生长。

表 6－10　耐性植物秸秆对牛膝菊生物量的影响

处理	根系 （g/株）	茎秆 （g/株）	叶片 （g/株）	地上部分 （g/株）	根冠比
未覆盖	0.48±0.05b	1.07±0.05b	0.42±0.02b	1.49±0.07b	0.322
扬子毛茛秸秆	0.40±0.03d	0.70±0.01c	0.27±0.04d	0.97±0.05d	0.412
邻近风轮菜秸秆	0.42±0.02cd	0.72±0.01c	0.35±0.03c	1.07±0.04c	0.393
通泉草秸秆	0.57±0.03a	1.17±0.03a	0.56±0.04a	1.73±0.07a	0.329
车前秸秆	0.46±0.01bc	0.71±0.03c	0.32±0.01c	1.03±0.04cd	0.447

（二）耐性植物秸秆对牛膝菊抗氧化酶活性的影响

覆盖通泉草秸秆后牛膝菊的 SOD、POD 和 CAT 活性分别比未覆盖增加了 8.31%（$P<0.05$）、9.42%（$P<0.05$）和 6.68%（$P<0.05$），而覆盖扬子毛茛秸秆、邻近风轮菜秸秆和车前秸秆则降低了这些酶的活性（表 6－11）。覆盖各耐性植物秸秆对牛膝菊 SOD、POD 和 CAT 活性影响的大小顺序为：通泉草秸秆＞未覆盖＞邻近风轮菜秸秆＞车前秸秆＞扬子毛茛秸秆。

表 6－11　耐性植物秸秆对牛膝菊抗氧化酶活性的影响

处理	SOD 活性 （U/g）	POD 活性 [U/（g·min）]	CAT 活性 [U/（g·min）]
未覆盖	337.21±11.53b	279.80±5.20b	51.63±0.49b
扬子毛茛秸秆	279.78±3.16d	204.72±8.72d	45.12±0.61d
邻近风轮菜秸秆	312.46±11.29c	256.05±7.95c	50.41±1.22bc
通泉草秸秆	365.22±8.40a	306.15±9.85a	55.08±1.39a
车前秸秆	292.65±9.32d	251.86±6.86c	48.77±1.73c

（三）耐性植物秸秆对牛膝菊镉含量的影响

4 种耐性植物秸秆覆盖增加了牛膝菊根系镉含量，其大小顺序为：车前秸秆＞通泉草秸秆＞扬子毛茛秸秆＞邻近风轮菜秸秆＞未覆盖（表 6－12）。只有覆盖通泉草秸秆和车前秸秆增加了牛膝菊茎秆镉含量，分别比未覆盖增加了 10.75%（$P<0.05$）和 4.64%（$P>0.05$）。覆盖扬子毛茛秸秆和邻近风轮菜秸秆却减少了牛膝菊茎秆镉含量。牛膝菊叶片镉含量的大小顺序为：车前秸秆＞扬子毛茛秸秆＞邻近风轮菜秸秆＞通泉草秸秆＞未覆盖。牛膝菊地上部分镉含量与茎秆镉含量的大小顺序一致。覆盖通泉草秸秆和车前秸秆的牛膝菊地上部分镉含量较未覆盖分别增加了 8.34％（$P<0.05$）和 13.67％（$P<0.05$）。覆盖通泉草秸秆和车前秸秆提高了牛膝菊地上部分的富集系数，而其他处理则降低。覆盖通泉草秸秆提高了牛膝菊的转运系数，而其他处理则降低。

表 6-12　耐性植物秸秆对牛膝菊镉含量的影响

处理	根系（mg/kg）	茎秆（mg/kg）	叶片（mg/kg）	地上部分（mg/kg）	地上部分富集系数	转运系数
未覆盖	20.10±1.07b	21.12±1.07b	32.12±1.06b	24.22±1.10b	2.42	1.20
扬子毛茛秸秆	21.21±1.56b	18.53±0.99c	38.18±2.42a	24.00±2.02b	2.40	1.13
邻近风轮菜秸秆	20.77±1.12b	18.15±1.15c	32.38±2.16b	22.80±0.21b	2.28	1.10
通泉草秸秆	21.65±0.95b	23.39±1.65a	31.18±1.36b	26.24±0.62a	2.62	1.21
车前秸秆	24.48±1.68a	22.10±1.26ab	39.57±1.07a	27.53±0.89a	2.75	1.12

（四）耐性植物秸秆对牛膝菊镉积累量的影响

覆盖通泉草秸秆和车前秸秆的牛膝菊根系镉积累量分别比未覆盖增加了 27.88％（$P<0.05$）和 16.68％（$P<0.05$），但覆盖邻近风轮菜秸秆和覆盖扬子毛茛秸秆降低了牛膝菊根系镉积累量（表 6-13）。只有覆盖通泉草秸秆增加了牛膝菊茎秆、叶片和地上部分镉积累量，较未覆盖分别增加了 21.11％（$P<0.05$）、29.43％（$P<0.05$）和 24.22％（$P<0.05$）；其他 3 种秸秆则降低了牛膝菊这些器官中镉积累量（表 6-13）。牛膝菊转运量系数的大小顺序为：未覆盖＞通泉草秸秆＞邻近风轮菜秸秆＞扬子毛茛秸秆＞车前秸秆。

表 6-13　耐性植物秸秆对牛膝菊镉积累量的影响

处理	根系（μg/株）	茎秆（μg/株）	叶片（μg/株）	地上部分（μg/株）	转运量系数
未覆盖	9.65±1.53c	22.60±2.11b	13.49±1.24b	36.09±3.35b	3.74
扬子毛茛秸秆	8.48±1.30d	12.97±0.56d	10.31±2.22d	23.28±2.78d	2.75
邻近风轮菜秸秆	8.72±0.01cd	13.07±0.99d	11.33±1.58cd	24.40±2.57d	2.80
通泉草秸秆	12.34±0.15a	27.37±2.71a	17.46±0.47a	44.83±3.18a	3.63
车前秸秆	11.26±0.51b	15.69±1.52c	12.66±0.22bc	28.35±1.74c	2.52

（五）耐性植物秸秆对土壤 pH 值和土壤有效态镉含量的影响

覆盖扬子毛茛秸秆和邻近风轮菜秸秆提高了土壤 pH 值，而覆盖通泉草秸秆和车前秸秆则降低了土壤 pH 值（图 6-3）。各处理后土壤 pH 值的大小顺序为：

邻近风轮菜秸秆>扬子毛茛秸秆>未覆盖>通泉草秸秆>车前秸秆。各处理土壤有效态镉含量的大小顺序为：车前秸秆>通泉草秸秆>未覆盖>扬子毛茛秸秆>邻近风轮菜秸秆（图 6—4）。覆盖扬子毛茛秸秆和邻近风轮菜秸秆的土壤有效态镉含量较未覆盖分别降低了 0.27%（$P>0.05$）和 1.37%（$P<0.05$），而覆盖通泉草秸秆和车前秸秆的土壤有效态镉含量较未覆盖分别增加了 1.09%（$P<0.05$）和 1.50%（$P<0.05$）。

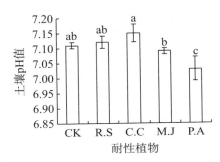

图 6—3　耐性植物秸秆对土壤 pH 值的影响

注：CK＝未覆盖，R. S＝扬子毛茛，C. C＝邻近风轮菜，M. J＝通泉草，P. A＝车前。

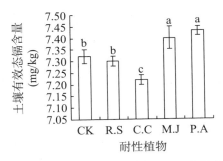

图 6—4　耐性植物秸秆对土壤有效态镉含量的影响

注：CK＝未覆盖，R. S＝扬子毛茛，C. C＝邻近风轮菜，M. J＝通泉草，P. A＝车前。

三、结论

　　覆盖通泉草秸秆可提高牛膝菊根系、茎秆、叶片、地上部分生物量和抗氧化酶活性，而覆盖扬子毛茛秸秆、临近风轮菜秸秆和车前秸秆则降低了牛膝菊的这些指标。覆盖通泉草秸秆和车前秸秆增加了牛膝菊地上部分的镉含量，但只有覆盖通泉草秸秆提高了牛膝菊地上部分镉积累量。因此，覆盖通泉草秸秆可以提高牛膝菊对镉污染土壤的修复能力。

第四节　普通作物秸秆还田对植物修复的影响

一、试验材料与方法

（一）试验材料

试验用土为紫色土，取自四川农业大学雅安校区农场，其基本理化性质同第三章第二节牛膝菊试验用土。水稻、小麦、油菜和蚕豆秸秆于 2014 年 9 月至 2015 年 5 月采自四川农业大学雅安校区农场。将采集到的作物秸秆于 110℃ 杀青 15 min，75℃ 烘干至恒重，剪碎至 1 cm 左右，备用。硫华菊种子于 2015 年 4 月直接播撒于四川农业大学雅安校区农场花卉苗圃基地。

（二）试验方法

试验于 2015 年 4～6 月在四川农业大学雅安校区农场避雨棚中进行。2015 年 4 月，将土壤风干、压碎、过 5 mm 筛后，分别称取 3.0 kg 装于 15 cm×18 cm（高×直径）的塑料盆内，加入分析纯 $CdCl_2 \cdot 2.5H_2O$ 溶液，使其镉浓度为 10 mg/kg，并与土壤充分混匀，保持湿润，自然放置平衡 4 周后再次混匀备用。2015 年 5 月，从四川农业大学雅安校区农场花卉苗圃基地采集长势一致的、4 对真叶展开的硫华菊幼苗直接移栽至盆中，每盆 2 株，并将处理好的作物秸秆分别覆盖于土壤表面，覆盖量为每盆 6 g，即每千克土壤施用 2 g 秸秆，混匀，浇水保持土壤湿润，每天浇水以保持盆中土壤的田间持水量为 80%。试验设置 5 个处理：未覆盖（对照）、覆盖水稻秸秆、覆盖小麦秸秆、覆盖油菜秸秆和覆盖蚕豆秸秆，每个处理重复 6 次。60 d 后硫华菊处于盛花期，分别测定光合色素（叶绿素 a、叶绿素 b 和类胡萝卜素）含量、生物量和镉含量，样品处理方法和指标测定方法同第三章第二节牛膝菊和稻槎菜试验，并计算根冠比、转运系数、转运量系数和镉积累量。土壤样品风干后，过 1 mm 筛，测定土壤 pH 值和土壤有效态镉含量，测定方法同本章第一节试验。

二、试验结果与分析

（一）普通作物秸秆对硫华菊生物量的影响

在不同覆盖物处理条件下，硫华菊的根系、茎秆、叶片及地上部分生物量均低于未覆盖，说明秸秆覆盖在不同程度上抑制了硫华菊的生长（表 6-14）。在覆盖物分别为水稻秸秆、小麦秸秆、油菜秸秆、蚕豆秸秆时，硫华菊的根系生物量较未覆盖分别减少了 9.76%（$P<0.05$）、12.09%（$P<0.05$）、24.18%（$P<0.05$）和 21.74%（$P<0.05$），地上部分生物量分别较未覆盖减少了 0.72%（$P>0.05$）、2.64%（$P>0.05$）、16.70%（$P<0.05$）和 12.08%（$P<$

0.05)，说明 4 种秸秆覆盖中，水稻秸秆覆盖对硫华菊生长的影响较小，而小麦秸秆、油菜秸秆、蚕豆秸秆覆盖对硫华菊生长的影响较大，其中油菜秸秆覆盖对硫华菊生长影响最大。就根冠比而言，4 种覆盖物较未覆盖均有所减少，说明覆盖作物秸秆对硫华菊根系的影响比对硫华菊地上部分的影响更大。

表 6-14　普通作物秸秆对硫华菊生物量的影响

处理	根系 （g/株）	茎秆 （g/株）	叶片 （g/株）	地上部分 （g/株）	根冠比
未覆盖	0.943±0.024a	2.383±0.027a	1.898±0.054a	4.281±0.081a	0.220
水稻秸秆	0.851±0.028b	2.372±0.037a	1.878±0.045a	4.250±0.082a	0.200
小麦秸秆	0.829±0.020b	2.362±0.033a	1.806±0.016a	4.168±0.048a	0.199
油菜秸秆	0.715±0.035c	2.021±0.076c	1.545±0.035b	3.566±0.112b	0.201
蚕豆秸秆	0.738±0.020c	2.163±0.030b	1.601±0.027b	3.764±0.057b	0.196

（二）普通作物秸秆对硫华菊光合色素含量的影响

在秸秆覆盖处理下，硫华菊叶片叶绿素 a 含量、叶绿素 b 含量、叶绿素总量及类胡萝卜素含量均低于未覆盖（表 6-15）。与未覆盖相比，覆盖水稻秸秆、小麦秸秆、油菜秸秆和蚕豆秸秆的硫华菊叶绿素 a 含量分别减少了 1.22%（$P>0.05$）、8.33%（$P>0.05$）、14.45%（$P<0.05$）和 9.39%（$P<0.05$），叶绿素 b 含量分别减少了 4.03%（$P>0.05$）、6.80%（$P>0.05$）、26.20%（$P<0.05$）和 10.33%（$P<0.05$），类胡萝卜素含量分别减少了 7.16%（$P<0.05$）、14.99%（$P<0.05$）、23.94%（$P<0.05$）和 17.00%（$P<0.05$）。

表 6-15　普通作物秸秆对硫华菊光合色素含量的影响

处理	叶绿素 a （mg/g）	叶绿素 b （mg/g）	叶绿素总量 （mg/g）	类胡萝卜素	叶绿素 a/b
未覆盖	1.225±0.020a	0.397±0.023a	1.622±0.002a	0.447±0.003a	3.086
水稻秸秆	1.210±0.024ab	0.381±0.026ab	1.591±0.050ab	0.415±0.009b	3.176
小麦秸秆	1.123±57abc	0.370±0.008ab	1.493±0.064ab	0.380±0.006c	3.035
油菜秸秆	1.048±0.062c	0.293±0.019b	1.341±0.081c	0.340±0.022d	3.577
蚕豆秸秆	1.110±0.025bc	0.356±0.069ab	1.466±0.044bc	0.371±0.007c	3.118

（三）普通作物秸秆对硫华菊镉含量的影响

用水稻秸秆覆盖，硫华菊根系、茎秆、叶片及地上部分的镉含量均有所降低，而小麦秸秆、油菜秸秆、蚕豆秸秆增加了硫华菊各器官镉含量（表 6-16）。油菜秸秆覆盖时硫华菊镉含量增加最显著，其根系、茎秆、叶片及地上部分的镉含量分别较未覆盖增加了 13.82%（$P<0.05$）、45.60%（$P<0.05$）、103.38%

（$P<0.05$）和 58.51%（$P<0.05$）。硫华菊转运系数的大小顺序为：油菜秸秆>小麦秸秆>蚕豆秸秆>未覆盖>水稻秸秆，说明水稻秸秆覆盖抑制了镉从硫华菊根系向地上部分的转运，而小麦秸秆、油菜秸秆和蚕豆秸秆则促进了镉的转运。

表 6-16　普通作物秸秆对硫华菊镉含量的影响

处理	根系 （mg/kg）	茎秆 （mg/kg）	叶片 （mg/kg）	地上部分 （mg/kg）	转运 系数
未覆盖	165.09±4.37c	67.32±3.28c	21.59±2.25cd	47.05±3.01c	0.285
水稻秸秆	143.97±5.61d	49.63±6.55d	15.70±1.54d	34.64±4.41d	0.241
小麦秸秆	172.15±5.87bc	82.02±2.86b	31.28±4.64bc	60.03±3.57b	0.349
油菜秸秆	187.91±6.94a	98.02±2.83a	43.91±5.53a	74.58±3.80a	0.397
蚕豆秸秆	182.78±3.93ab	83.30±3.96b	36.94±4.16ab	63.58±4.08b	0.348

（四）普通作物秸秆对硫华菊镉积累量的影响

用水稻秸秆覆盖，硫华菊根系、茎秆、叶片及地上部分的镉积累量均有所降低，而小麦秸秆、油菜秸秆、蚕豆秸秆覆盖时，除根系外各部分镉积累量均有所增加（表 6-17）。硫华菊茎秆及地上部分镉积累量的大小顺序为：油菜秸秆>小麦秸秆>蚕豆秸秆>未覆盖>水稻秸秆，叶片镉积累量排序为：油菜秸秆>蚕豆秸秆>小麦秸秆>未覆盖>水稻秸秆。油菜秸秆覆盖时硫华菊镉积累量增加最显著，其茎秆、叶片及地上部分镉积累量分别较未覆盖增加了 23.49%（$P<0.05$）、65.54%（$P<0.05$）和 32.04%（$P<0.05$）。就转运量系数而言，水稻覆盖硫华菊转运量系数降低，而小麦秸秆、油菜秸秆、蚕豆秸秆覆盖后硫华菊转运量系数升高，油菜秸秆覆盖后转运量系数最高。

表 6-17　普通作物秸秆对硫华菊镉积累量的影响

处理	根系 （μg/株）	茎秆 （μg/株）	叶片 （μg/株）	地上部分 （μg/株）	转运量 系数
未覆盖	155.68±0.15a	160.42±6.01b	40.98±3.10b	201.42±9.11b	1.29
水稻秸秆	122.52±0.71d	117.72±13.70c	29.48±2.18b	147.22±15.88c	1.20
小麦秸秆	142.71±1.46b	193.73±4.08a	56.49±7.89a	250.21±11.99a	1.75
油菜秸秆	134.36±1.68c	198.10±1.77a	67.84±6.99a	265.95±5.23a	1.98
蚕豆秸秆	134.89±0.98c	180.18±6.10a	59.14±5.66a	239.32±11.76a	1.77

（五）普通作物秸秆对土壤 pH 值及有效态镉含量的影响

与未覆盖相比，水稻秸秆覆盖后土壤 pH 值增加 65.54%（$P<0.05$），小麦秸秆覆盖后土壤 pH 值降低 65.54%（$P<0.05$），油菜秸秆和蚕豆秸秆覆盖后土壤 pH 值变化不显著（图 6-5）。不同秸秆覆盖后，土壤有效态镉含量均发生变

化（图 6—6）。水稻秸秆覆盖后土壤有效态镉含量降低 65.54%（$P<0.05$），油菜秸秆覆盖后土壤有效态镉含量增加 65.54%（$P<0.05$），小麦秸秆和蚕豆秸秆覆盖后土壤有效态镉含量变化不显著。

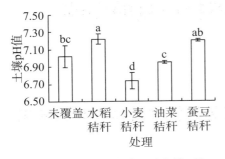

图 6—5　普通作物秸秆对土壤 pH
　　　　 值的影响

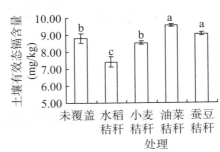

图 6—6　普通作物秸秆对土壤有效态
　　　　 镉含量的影响

三、结论

覆盖水稻秸秆、小麦秸秆、油菜秸秆和蚕豆秸秆在一定程度上均会导致硫华菊生物量、光合色素含量的下降。覆盖小麦秸秆、油菜秸秆和蚕豆秸秆能显著提高硫华菊的镉含量及镉积累量，提高硫华菊对镉污染土壤的修复能力，其中覆盖油菜秸秆的效果最显著。

第七章　混种对植物修复的影响

第一节　超富集植物混种富集植物对植物修复的影响

一、试验材料与方法

（一）试验材料

试验用土为紫色土，取自四川农业大学雅安校区农场镉污染区，为前期试验的镉污染土，其基本理化性质为：pH 值 6.98，有机质 35.01 g/kg，全氮 1.19 g/kg，全磷 0.63 g/kg，全钾 20.64 g/kg，碱解氮 80.63 mg/kg，速效磷 31.78 mg/kg，速效钾 115.97 mg/kg，镉 2.5 mg/kg。土壤基本理化性质按照鲍士旦（2000）的方法测定。牛膝菊、荠菜、碎米荠和猪殃殃幼苗于 2013 年 9 月采自四川农业大学雅安校区农场未被镉污染区域。

（二）试验方法

试验于 2013 年 9~10 月在四川农业大学雅安校区农场避雨棚中进行。2013 年 9 月，将土壤风干、压碎、过 5 mm 筛后，分别称取 3.0 kg 装于 15 cm×18 cm（高×直径）的塑料盆内，选择长势一致的、2 对（片、组）真叶展开的牛膝菊、荠菜、碎米荠和猪殃殃幼苗移栽至盆中。试验设置 7 个处理：牛膝菊单种、荠菜单种、碎米荠单种、猪殃殃单种、牛膝菊混种荠菜、牛膝菊混种碎米荠、牛膝菊混种猪殃殃。单种处理每盆种植植物 4 株，混种处理每盆种植牛膝菊 2 株，种植荠菜、碎米荠或猪殃殃 2 株，每个处理重复 3 次，每天浇水以保持盆中土壤的田间持水量为 80%。35 d 后，各植物处于盛花期，分别测定每种植物生物量和镉含量，样品处理方法和指标测定方法同第三章第二节牛膝菊试验，并计算富集系数、转运系数和镉积累量。

二、试验结果与分析

（一）混种对 4 种植物生物量的影响

1. 混种对 4 种植物单株生物量的影响

从表 7-1 可以看出，与牛膝菊（单种）相比，混种荠菜增加了牛膝菊单株根系生物量（$P<0.05$），而混种碎米荠、混种猪殃殃则减少了牛膝菊单株根系生物量（$P<0.05$）。就单株地上部分生物量和整株生物量而言，混种猪殃殃增加了牛膝菊单株地上部分生物量和整株生物量，比牛膝菊（单种）分别增加了16.79%（$P<0.05$）和10.19%（$P<0.05$），而混种荠菜、混种碎米荠则减少了牛膝菊单株地上部分生物量和整株生物量。就其他富集植物而言，混种牛膝菊后，荠菜、猪殃殃和碎米荠的单株根系生物量、整株生物量分别较各自单种有所减少（表7-1）。混种牛膝菊的荠菜单株地上部分生物量较其单种增加了3.01%（$P<0.05$），但混种牛膝菊的猪殃殃和碎米荠单株地上部分生物量较其各自单种有所减少。

表7-1　混种对4种植物单株生物量的影响

处理	根系（g/株）	地上部分（g/株）	整株（g/株）
牛膝菊（单种）	0.247±0.005b	0.685±0.007b	0.932±0.012b
牛膝菊（混种荠菜）	0.256±0.004a	0.528±0.003d	0.784±0.007d
牛膝菊（混种碎米荠）	0.186±0.008d	0.660±0.010c	0.846±0.018c
牛膝菊（混种猪殃殃）	0.227±0.006c	0.800±0.006a	1.027±0.012a
荠菜（单种）	0.084±0.005a	0.365±0.008b	0.449±0.013a
荠菜（混种牛膝菊）	0.065±0.004b	0.376±0.004a	0.441±0.008b
碎米荠（单种）	0.057±0.005a	0.522±0.010a	0.579±0.015a
碎米荠（混种牛膝菊）	0.054±0.006a	0.517±0.011a	0.571±0.016a
猪殃殃（单种）	0.095±0.007a	0.250±0.012a	0.345±0.019a
猪殃殃（混种牛膝菊）	0.063±0.009b	0.180±0.011b	0.243±0.020b

2. 混种对4种植物单盆生物量的影响

由于牛膝菊植株大于荠菜、碎米荠和猪殃殃，牛膝菊混种荠菜、牛膝菊混种猪殃殃、牛膝菊混种碎米荠的单盆根系生物量、单盆地上部分生物量和单盆整株生物量均介于牛膝菊（单种）和其他3种富集植物各自单种之间（表7-2）。就单盆地上部分生物量和单盆整株生物量而言，牛膝菊混种碎米荠比牛膝菊（单种）分别减少了14.09%（$P<0.05$）和23.98%（$P<0.05$），比碎米荠（单种）分别增加了12.74%（$P<0.05$）和22.37%（$P<0.05$）。

表7-2　混种对4种植物单盆生物量的影响

处理	根系（g/盆）	地上部分（g/盆）	整株（g/盆）
牛膝菊（单种）	0.988±0.022a	2.740±0.028a	3.728±0.050a
荠菜（单种）	0.336±0.023f	1.460±0.034f	1.796±0.057f

处理	根系（g/盆）	地上部分（g/盆）	整株（g/盆）
碎米荠（单种）	0.228±0.019g	2.088±0.042c	2.316±0.061e
猪殃殃（单种）	0.380±0.028e	1.000±0.051g	1.380±0.079g
牛膝菊混种荠菜	0.642±0.017b	1.808±0.014e	2.450±0.031d
牛膝菊混种碎米荠	0.480±0.006d	2.354±0.042b	2.834±0.048b
牛膝菊混种猪殃殃	0.580±0.032c	1.960±0.010d	2.540±0.042c

（二）混种对 4 种植物镉含量的影响

从表 7-3 可以看出，与牛膝菊（单种）相比，混种猪殃殃、混种碎米荠均增加了牛膝菊根系镉含量（$P<0.05$），而混种荠菜则减少了牛膝菊根系镉含量（$P<0.05$）。混种 3 种富集植物均增加了牛膝菊地上部分镉含量，分别较牛膝菊（单种）增加了 35.16%（$P<0.05$）、52.26%（$P<0.05$）和 17.42%（$P<0.05$）。牛膝菊地上部分镉含量的大小顺序为：牛膝菊（混种碎米荠）>牛膝菊（混种荠菜）>牛膝菊（混种猪殃殃）>牛膝菊（单种）。从地上部分富集系数来看，牛膝菊地上部分富集系数大小顺序为：牛膝菊（混种碎米荠）>牛膝菊（混种荠菜）>牛膝菊（混种猪殃殃）>牛膝菊（单种），这与牛膝菊地上部分镉含量顺序一致。牛膝菊转运系数大小顺序为：牛膝菊（混种荠菜）>牛膝菊（混种碎米荠）>牛膝菊（单种）>牛膝菊（混种猪殃殃），说明混种荠菜、混种碎米荠能够提高镉从牛膝菊根系向地上部分的转运能力。就荠菜、猪殃殃和碎米荠而言，混种牛膝菊后，荠菜、碎米荠根系镉含量、地上部分镉含量及地上部分富集系数均低于其各自单种，而猪殃殃则高于其单种（表 7-3）。混种牛膝菊后，荠菜、猪殃殃和碎米荠的转运系数均高于各自单种，这说明混种牛膝菊也促进了镉从富集植物根系向地上部分的转运。

表 7-3　混种对 4 种植物镉含量的影响

处理	根系（mg/kg）	地上部分（mg/kg）	地上部分富集系数	转运系数
牛膝菊（单种）	4.49±0.06c	3.10±0.17d	1.24	0.69
牛膝菊（混种荠菜）	4.24±0.31c	4.19±0.24b	1.68	0.99
牛膝菊（混种碎米荠）	4.97±0.18b	4.72±0.11a	1.89	0.95
牛膝菊（混种猪殃殃）	5.62±0.17a	3.64±0.10c	1.46	0.65
荠菜（单种）	6.53±0.14a	4.37±0.11a	1.75	0.67
荠菜（混种牛膝菊）	4.82±0.18b	3.32±0.17b	1.33	0.69
碎米荠（单种）	9.08±0.17a	4.68±0.12a	1.87	0.52

处理	根系 （mg/kg）	地上部分 （mg/kg）	地上部分 富集系数	转运系数
碎米荠（混种牛膝菊）	5.04±0.06b	3.89±0.13b	1.56	0.77
猪殃殃（单种）	27.08±1.44b	2.56±0.08b	1.02	0.09
猪殃殃（混种牛膝菊）	30.18±1.38a	6.94±0.16a	2.78	0.23

（三）混种对 4 种植物镉积累量的影响

1. 混种对 4 种植物单株镉积累量的影响

从表 7—4 可以看出，与牛膝菊（单种）相比，混种猪殃殃增加了牛膝菊单株根系镉积累量，而混种荠菜、混种碎米荠则减少了牛膝菊单株根系镉积累量。从单株地上部分镉积累量和整株镉积累量来看，混种荠菜、混种碎米荠、混种猪殃殃均能增加牛膝菊单株地上部分镉积累量及整株镉积累量，较牛膝菊（单种）单株地上部分的镉积累量分别增加了 4.25%（$P>0.05$）、47.17%（$P<0.05$）和 37.26%（$P<0.05$），较牛膝菊（单种）整株的镉积累量分别增加了 2.17%（$P>0.05$）、25.08%（$P<0.05$）和 29.72%（$P<0.05$）。就荠菜、猪殃殃和碎米荠而言，混种牛膝菊后，荠菜和碎米荠单株根系镉积累量、单株地上部分镉积累量及整株镉积累量均低于各自单种，而猪殃殃单株根系镉积累量及整株镉积累量均低于其单种，单株地上部分镉积累量则高于其单种。

表 7—4　混种对 4 种植物单株镉积累量的影响

处理	根系（μg/株）	地上部分（μg/株）	整株（μg/株）
牛膝菊（单种）	1.11±0.04b	2.12±0.13c	3.23±0.17b
牛膝菊（混种荠菜）	1.09±0.06b	2.21±0.14c	3.30±0.20b
牛膝菊（混种碎米荠）	0.92±0.08c	3.12±0.12a	4.04±0.20a
牛膝菊（混种猪殃殃）	1.28±0.01a	2.91±0.06b	4.19±0.07a
荠菜（单种）	0.55±0.05a	1.60±0.08a	2.15±0.13a
荠菜（混种牛膝菊）	0.31±0.04b	1.25±0.05b	1.56±0.09b
碎米荠（单种）	0.52±0.06a	2.44±0.01a	2.96±0.07a
碎米荠（混种牛膝菊）	0.27±0.03b	2.01±0.11b	2.28±0.14b
猪殃殃（单种）	2.57±0.33a	0.64±0.06b	3.21±0.39a
猪殃殃（混种牛膝菊）	1.90±0.21b	1.25±0.11a	3.15±0.32a

2. 混种对 4 种植物单盆镉积累量的影响

从表 7—5 可以看出，牛膝菊混种荠菜、牛膝菊混种猪殃殃、牛膝菊混种碎米荠的单盆根系镉积累量分别介于牛膝菊（单种）和其他 3 种植物各自单种之间，牛膝菊混种荠菜、牛膝菊混种猪殃殃的单盆地上部分镉积累量均介于牛膝菊（单种）和其他 2 种植物各自单种之间，只有牛膝菊混种碎米荠的单盆地上部分镉积累量高于各自单种，达（10.26±0.47）μg/盆，较牛膝菊（单种）和碎米荠（单种）分别增加了 20.99%（$P<0.05$）和 5.12%（$P<0.05$）。就单盆整株镉积累量而言，牛膝菊混种荠菜、牛膝菊混种碎米荠的单盆整株镉积累量均介于牛膝菊（单种）和其他 2 种植物各自单种之间，牛膝菊混种猪殃殃的单盆整株镉积累量高于各自单种，达（14.68±0.75）μg/盆，较牛膝菊（单种）和猪殃殃（单种）分别增加了 13.62%（$P<0.05$）和 14.33%（$P<0.05$）。从植物修复的角度来看，牛膝菊混种碎米荠最有利于提高只收割地上部分提取土壤镉的修复，而牛膝菊混种猪殃殃最有利于提高整株收割提取土壤镉的修复。

表 7-5　混种对 4 种植物单盆镉积累量的影响

处理	根系（μg/盆）	地上部分（μg/盆）	整株（μg/盆）
牛膝菊（单种）	4.44±0.17c	8.48±0.53c	12.92±0.70b
荠菜（单种）	2.20±0.19de	6.40±0.31e	8.60±0.50e
碎米荠（单种）	2.08±0.23e	9.76±0.06b	11.84±0.29c
猪殃殃（单种）	10.28±1.30a	2.56±0.23f	12.84±1.53b
牛膝菊混种荠菜	2.80±0.06d	6.92±0.18d	9.72±0.24d
牛膝菊混种碎米荠	2.38±0.10de	10.26±0.47a	12.64±0.57bc
牛膝菊混种猪殃殃	6.36±0.41b	8.32±0.34c	14.68±0.75a

三、结论

就单株生物量而言，混种猪殃殃增加了牛膝菊地上部分生物量和整株生物量，而混种荠菜和碎米荠则减少了牛膝菊的这些生物量。

从单株镉积累量来看，混种荠菜、混种猪殃殃、混种碎米荠均能增加牛膝菊单株地上部分镉积累量及整株镉积累量。但从混种系统来看，牛膝菊混种荠菜、牛膝菊混种猪殃殃的地上部分镉积累量分别介于牛膝菊单种和其他 2 种植物各自单种之间，只有牛膝菊混种碎米荠的地上部分镉积累量高于各自单种。由此可知，从植物修复的角度来看，牛膝菊混种碎米荠能够用于增强镉污染土壤的修复效果。此外，在实际应用中，还可适当提高碎米荠的种植密度，从而进一步增强混种的植物修复效果。

第二节 富集植物混种富集植物对植物修复的影响

一、试验材料与方法

（一）试验材料

试验用土为紫色土，取自四川农业大学雅安校区农场，其基本理化性质同第三章第二节牛膝菊试验用土。繁缕、牛繁缕和猪殃殃幼苗于 2015 年 3 月采自四川农业大学雅安校区农场未被镉污染区域。

（二）试验方法

试验于 2015 年 2～4 月在四川农业大学雅安校区农场避雨棚中进行。2015 年 2 月，将土壤风干、压碎、过 5 mm 筛后，分别称取 3.0 kg 装于 15 cm×18 cm（高×直径）的塑料盆内，加入分析纯 $CdCl_2 \cdot 2.5H_2O$ 溶液，使其镉浓度为 10 mg/kg，每天浇水以保持盆中土壤的田间持水量为 80%，放置 1 个月。2015 年 3 月，将长势一致的、3 对（组）真叶展开的繁缕、牛繁缕和猪殃殃幼苗移栽至盆中。试验设置 7 个处理：繁缕单种、牛繁缕单种、猪殃殃单种、繁缕混种牛繁缕、繁缕混种猪殃殃、牛繁缕混种猪殃殃、3 种植物混种，每个处理重复 5 次。每盆共种植植物 6 株，其中，2 种植物混种的处理为每种植物各种植 3 株，3 种植物混种的为每种植物各种植 2 株，每天浇水以保持盆中土壤的田间持水量为 80%。35 d 后，分别测定每种植物的生物量、光合色素（叶绿素 a、叶绿素 b 和类胡萝卜素）含量和镉含量，样品处理方法和指标测定方法同第三章第二节牛膝菊和稻槎菜试验，并计算根冠比、富集系数、转运系数、转运量系数和镉积累量。土壤样品风干后，过 1 mm 筛，测定土壤 pH 值和土壤有效态镉含量，测定方法同第六章第一节试验。

二、试验结果与分析

（一）混种对 3 种植物生物量的影响

从表 7-6 可以看出，与猪殃殃（单种）相比，混种繁缕、混种牛繁缕及 3 种植物混种增加了猪殃殃根系、地上部分和整株的生物量。其中，猪殃殃地上部分生物量分别增加了 4.79%（$P<0.05$）、61.22%（$P<0.05$）和 62.05%（$P<0.05$）。猪殃殃的根冠比大小顺序为：猪殃殃（单种）>猪殃殃（混种繁缕）>猪殃殃（3 种植物混种）>猪殃殃（混种牛繁缕）。

与繁缕（单种）相比，混种牛繁缕、混种猪殃殃及 3 种植物混种增加了繁缕生物量（表 7-6）。繁缕的根系、地上部分及整株的生物量大小顺序为：繁缕（混种猪殃殃）>繁缕（3 种植物混种）>繁缕（混种牛繁缕）>繁缕（单种）。

与繁缕（单种）相比，混种牛繁缕、混种猪殃殃及 3 种植物混种的繁缕地上部分生物量分别增加了 6.79%（$P<0.05$）、21.52%（$P<0.05$）和 16.01%（$P<0.05$）。混种处理提高了繁缕的根冠比，其大小顺序为：繁缕（混种猪殃殃）＞繁缕（3 种植物混种）＞繁缕（混种牛繁缕）＞繁缕（单种）。

与牛繁缕（单种）相比，所有的混种处理均增加了牛繁缕根系、地上部分及整株生物量，其中混种猪殃殃的牛繁缕生物量最大（表 7-6）。当与猪殃殃混种时，牛繁缕根系、地上部分及整株生物量分别较牛繁缕（单种）增加了 73.97%（$P<0.05$）、42.95%（$P<0.05$）和 48.45%（$P<0.05$）。混种提高了牛繁缕的根冠比，其大小顺序为：牛繁缕（3 种植物混种）＞牛繁缕（混种猪殃殃）＞牛繁缕（混种繁缕）＞牛繁缕（单种）。

表 7-6　混种对 3 种植物生物量的影响

处理	根系（g/株）	地上部分（g/株）	整株（g/株）	根冠比
猪殃殃（单种）	0.209±0.004d	0.606±0.006c	0.815±0.010c	0.345
猪殃殃（混种繁缕）	0.218±0.003c	0.635±0.010b	0.853±0.013b	0.343
猪殃殃（混种牛繁缕）	0.278±0.007b	0.977±0.007a	1.255±0.014a	0.285
猪殃殃（3 种植物混种）	0.295±0.004a	0.982±0.008a	1.277±0.012a	0.300
繁缕（单种）	0.378±0.003d	2.268±0.013d	2.646±0.016d	0.167
繁缕（混种牛繁缕）	0.416±0.005c	2.422±0.014c	2.838±0.019c	0.172
繁缕（混种猪殃殃）	0.487±0.008a	2.756±0.007a	3.243±0.016a	0.177
繁缕（3 种植物混种）	0.459±0.005b	2.631±0.055b	3.090±0.060b	0.174
牛繁缕（单种）	0.315±0.006d	1.462±0.054c	1.777±0.060c	0.215
牛繁缕（混种繁缕）	0.424±0.006c	1.867±0.049b	2.291±0.055b	0.227
牛繁缕（混种猪殃殃）	0.548±0.004a	2.090±0.064a	2.638±0.068a	0.262
牛繁缕（3 种植物混种）	0.492±0.010b	1.869±0.018b	2.361±0.028b	0.263

（二）混种对 3 种植物光合色素含量的影响

与猪殃殃（单种）相比，所有混种处理均增加了猪殃殃叶绿素 a、叶绿素 b、叶绿素总量和类胡萝卜素含量（表 7-7）。猪殃殃 3 种不同混种处理间的叶绿素 a 和类胡萝卜素含量差异不显著（$P>0.05$）。混种繁缕的猪殃殃叶绿素 b 含量和叶绿素总量含量明显低于混种牛繁缕和 3 种植物混种，并且混种牛繁缕和 3 种植物混种间差异不显著（$P>0.05$）。

混种猪殃殃的繁缕叶绿素 a 和类胡萝卜素含量高于繁缕（单种），而其他混种处理对这些色素的含量没有显著影响（$P>0.05$，表 7-7）。与繁缕（单种）

相比，混种牛繁缕对繁缕叶绿素 b 含量无显著影响，但其他混种处理则显著降低了繁缕叶绿素 b 含量（$P < 0.05$）。与繁缕（单种）相比，所有的混种处理对繁缕的叶绿素总量含量影响不显著（$P > 0.05$）。

与牛繁缕（单种）相比，所有的混种处理对牛繁缕叶绿素 a 和叶绿素总量含量的影响均不显著（$P > 0.05$，表 7-7）。只有 3 种植物混种时增加了牛繁缕叶绿素 b 含量（$P < 0.05$）。混种猪殃殃及 3 种植物混种增加了牛繁缕类胡萝卜素含量，其他的混种处理则对牛繁缕叶绿素 b 含量和类胡萝卜素含量无显著影响（$P > 0.05$）。

表 7-7　混种对 3 种植物光合色素含量的影响

处理	叶绿素 a （mg/g）	叶绿素 b （mg/g）	叶绿素总量 （mg/g）	类胡萝卜素 （mg/g）
猪殃殃（单种）	0.994±0.040b	0.251±0.006c	1.245±0.034c	0.383±0.011b
猪殃殃（混种繁缕）	1.095±0.003a	0.282±0.002b	1.377±0.005b	0.414±0.005a
猪殃殃（混种牛繁缕）	1.112±0.028a	0.302±0.001a	1.414±0.026a	0.429±0.005a
猪殃殃（3 种植物混种）	1.151±0.034a	0.303±0.010a	1.453±0.023a	0.433±0.010a
繁缕（单种）	0.892±0.029b	0.310±0.009a	1.202±0.019a	0.331±0.004b
繁缕（混种牛繁缕）	0.904±0.049b	0.289±0.029ab	1.193±0.020a	0.347±0.009b
繁缕（混种猪殃殃）	0.995±0.017a	0.198±0.055b	1.194±0.072a	0.370±0.009a
繁缕（3 种植物混种）	0.940±0.001ab	0.210±0.031b	1.150±0.032a	0.348±0.004b
牛繁缕（单种）	0.962±0.006a	0.255±0.003b	1.217±0.009a	0.368±0.004b
牛繁缕（混种繁缕）	0.969±0.046a	0.261±0.009b	1.230±0.055a	0.366±0.010b
牛繁缕（混种猪殃殃）	1.013±0.011a	0.262±0.001ab	1.275±0.012a	0.390±0.001a
牛繁缕（3 种植物混种）	1.005±0.017a	0.276±0.004a	1.281±0.013a	0.396±0.002a

（三）混种对 3 种植物镉含量的影响

与猪殃殃（单种）相比，混种繁缕和混种牛繁缕对猪殃殃根系镉含量无显著影响，但 3 种植物混种后减少了猪殃殃根系镉含量（表 7-8）。与猪殃殃（单种）相比，所有混种处理均减少了猪殃殃地上部分镉含量。猪殃殃地上部分富集系数大小顺序为：猪殃殃（单种）＞猪殃殃（混种繁缕）＞猪殃殃（混种牛繁缕）＞猪殃殃（3 种植物混种），转运系数大小顺序为：猪殃殃（单种）＞猪殃殃（混种繁缕）＞猪殃殃（3 种植物混种）＞猪殃殃（混种牛繁缕）。

所有的混种处理均增加了繁缕根系镉含量，其中混种牛繁缕的繁缕根系镉含量最大（表 7-8）。与繁缕（单种）相比，混种处理并没有增加繁缕地上部分镉含量。同时，混种处理降低了繁缕地上部分富集系数和转运系数。地上部分富集系数大小顺序为：繁缕（单种）＞繁缕（混种牛繁缕）＞繁缕（3种植物混种）＞繁缕（混种猪殃殃），转运系数大小顺序为：繁缕（单种）＞繁缕（3种植物混种）＞繁缕（混种牛繁缕）＞繁缕（混种猪殃殃）。

与牛繁缕（单种）相比，混种繁缕、混种猪殃殃和3种植物混种的牛繁缕根系镉含量分别增加了14.17%（$P<0.05$）、19.18%（$P<0.05$）和18.51%（$P<0.05$，表7-8）。所有的混种处理均减少了牛繁缕地上部分镉含量，也降低了地上部分富集系数和转运系数。地上部分富集系数和转运系数大小顺序均为：牛繁缕（单种）＞牛繁缕（混种猪殃殃）＞牛繁缕（3种植物混种）＞牛繁缕（混种繁缕）。

表7-8　混种对3种植物镉含量的影响

处理	根系 (mg/g)	地上部分 (mg/g)	地上部分富集系数	转运系数
猪殃殃（单种）	122.66±3.27a	8.76±0.25a	0.876	0.071
猪殃殃（混种繁缕）	116.45±9.12a	8.18±0.23b	0.818	0.070
猪殃殃（混种牛繁缕）	121.29±4.19a	4.33±0.11c	0.433	0.036
猪殃殃（3种植物混种）	99.71±3.99b	3.94±0.07c	0.394	0.040
繁缕（单种）	110.53±1.84c	19.41±0.79a	1.941	0.176
繁缕（混种牛繁缕）	147.15±3.92a	18.39±0.52ab	1.839	0.125
繁缕（混种猪殃殃）	135.75±5.90b	15.51±0.71b	1.551	0.114
繁缕（3种植物混种）	127.84±2.93b	17.42±0.61c	1.742	0.136
牛繁缕（单种）	190.99±7.50b	10.76±0.11a	1.076	0.056
牛繁缕（混种繁缕）	218.05±7.45a	7.26±0.21d	0.726	0.033
牛繁缕（混种猪殃殃）	227.63±7.51a	9.83±0.16b	0.983	0.043
牛繁缕（3种植物混种）	226.35±6.75a	8.27±0.34c	0.827	0.037

（四）混种对3种植物镉积累量的影响

与猪殃殃（单种）相比，混种繁缕的猪殃殃根系、地上部分和整株镉积累量无显著变化（表7-9）。混种牛繁缕或3种植物混种后增加了猪殃殃根系镉积累量，但减少了猪殃殃地上部分镉积累量。与猪殃殃（单种）相比，混种牛繁缕也增加了猪殃殃的整株镉积累量。猪殃殃的转运量系数大小顺序为：猪殃殃（单种）＞猪殃殃（混种繁缕）＞猪殃殃（3种植物混种）＞猪殃殃（混种牛繁缕）。

混种处理增加了繁缕根系和整株镉积累量，但对繁缕地上部分镉积累量无显著影响（表7-9）。繁缕的转运量系数大小顺序为：繁缕（单种）＞繁缕（3种植物混种）＞繁缕（混种牛繁缕）＞繁缕（混种猪殃殃）。

混种处理增加了牛繁缕根系和地上部分镉积累量，只有混种猪殃殃增加了牛繁缕地上部分镉积累量（表7-9）。牛繁缕的转运量系数大小顺序为：牛繁缕（单种）＞牛繁缕（混种猪殃殃）＞牛繁缕（混种繁缕）＞牛繁缕（3种植物混种）。

表7-9　混种对3种植物镉积累量的影响

处理	根系 （μg/株）	地上部分 （μg/株）	整株 （μg/株）	转运量 系数
猪殃殃（单种）	25.64±0.01c	5.31±0.11a	30.95±0.10b	0.207
猪殃殃（混种繁缕）	25.39±1.66c	5.19±0.06a	30.58±1.73b	0.204
猪殃殃（混种牛繁缕）	33.72±0.30a	4.23±0.08b	37.95±0.39a	0.125
猪殃殃（3种植物混种）	29.41±0.83b	3.87±0.04c	33.28±0.86b	0.132
繁缕（单种）	41.78±0.35c	44.02±1.55a	85.80±1.90b	1.054
繁缕（混种牛繁缕）	61.21±0.94b	44.54±1.01a	105.75±1.95a	0.728
繁缕（混种猪殃殃）	66.11±1.72a	42.75±1.84a	108.86±3.56a	0.647
繁缕（3种植物混种）	58.68±0.71b	45.83±0.64a	104.51±1.35a	0.781
牛繁缕（单种）	60.16±1.17d	15.73±0.41b	75.89±0.76d	0.261
牛繁缕（混种繁缕）	92.45±1.92c	13.55±0.04c	106.00±1.97c	0.147
牛繁缕（混种猪殃殃）	124.74±3.15a	20.54±0.30a	145.28±2.85a	0.165
牛繁缕（3种植物混种）	111.36±1.07b	15.46±0.48b	126.82±1.56b	0.139

（五）混种对3种植物单盆镉积累量的影响

只有繁缕混种牛繁缕和3种植物混种显著增加了单盆镉积累量，其中繁缕混种牛繁缕的单盆根系和整株镉积累量最大（表7-10）。与繁缕（单种）相比，繁缕混种牛繁缕的单盆整株镉积累量增加了23.40%（$P<0.05$）；与牛繁缕（单种）相比，繁缕混种牛繁缕的单盆整株镉积累量增加了39.51%（$P<0.05$）。猪殃殃混种牛繁缕较2种植物各自单种只增加了单盆地上部分镉积累量。因此，繁缕与牛繁缕混种或3种植物混种都能增加单盆整株镉积累量。

表7-10　混种对3种植物单盆镉积累量的影响

处理	根系 （μg/株）	地上部分 （μg/株）	整株 （μg/株）
猪殃殃（单种）	153.84±0.04f	31.86±0.64f	185.70±0.59e
繁缕（单种）	250.68±2.12e	264.12±9.29a	514.80±11.41b
牛繁缕（单种）	360.96±7.04c	94.38±2.46e	455.34±4.58c

续表

处理	根系 （μg/株）	地上部分 （μg/株）	整株 （μg/株）
猪殃殃混种繁缕	259.80±7.81e	149.19±3.22c	408.99±11.03d
猪殃殃混种牛繁缕	299.49±6.07d	140.94±5.77cd	440.43±11.84c
繁缕混种牛繁缕	460.98±8.59a	174.27±3.16b	635.25±11.75a
3 种植物混种	398.90±5.22b	130.32±2.32d	529.22±7.54b

（六）混种对土壤 pH 值及土壤有效态镉含量的影响

与各植物单种相比，繁缕混种牛繁缕及 3 种植物混种对土壤 pH 值无显著影响（图 7-1）。猪殃殃混种牛繁缕的土壤 pH 值低于猪殃殃单种和牛繁缕单种。猪殃殃混种繁缕的土壤 pH 值高于猪殃殃单种和繁缕单种。猪殃殃混种繁缕的土壤有效态镉含量显著低于猪殃殃单种和繁缕单种（图 7-2）。猪殃殃混种牛繁缕的土壤有效态镉含量高于猪殃殃单种或牛繁缕单种。繁缕混种牛繁缕的土壤有效态镉含量高于牛繁缕单种，接近繁缕单种。3 种植物混种的土壤有效态镉含量介于 3 种植物单种之间。

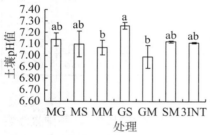

图 7-1　混种对土壤 pH 值的影响
注：MG＝猪殃殃（单种），MS＝繁缕（单种），MM＝牛繁缕（单种），GS＝猪殃殃混种繁缕，GM＝猪殃殃混种牛繁缕，SM＝繁缕混种牛繁缕，3INT＝3 种植物混种。

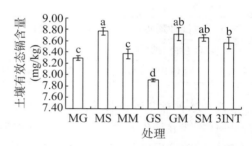

图 7-2　混种对土壤有效态镉含量的影响
注：MG＝猪殃殃（单种），MS＝繁缕（单种），MM＝牛繁缕（单种），GS＝猪殃殃混种繁缕，GM＝猪殃殃混种牛繁缕，SM＝繁缕混种牛繁缕，3INT＝3 种植物混种。

三、结论

与 3 种植物单种相比，混种显著增加了繁缕、牛繁缕和猪殃殃的生物量。混种对 3 种植物的光合色素含量影响不显著。混种没有增加猪殃殃根系和地上部分镉含量，但增加了繁缕和牛繁缕根系镉含量。同时混种也减少了繁缕和牛繁缕地上部分镉含量。只有猪殃殃混种牛繁缕及 3 种植物混种时增加了每种植物的整株镉积累量。繁缕混种牛繁缕及 3 种植物混种增加了单盆中的整株镉积累量，其中繁缕混种牛繁缕的增加量最大。因此，繁缕混种牛繁缕以及 3 种植物混种可能提高植物对镉污染的修复效率，其中繁缕混种牛繁缕效果最好。

第三节　超富集植物、富集植物混种普通植物对植物修复的影响

一、试验材料与方法

（一）试验材料

2011 年 8 月，研究人员分别在四川省汉源县唐家山铅锌矿（镉污染土壤）和四川农业大学雅安校区农场（未被镉污染土壤）收集了 2 种生态型（矿山生态型和农田生态型）的富集植物小飞蓬、马唐（*Digitaria sanguinalis*）和超富集植物龙葵。樱桃品种为雅安地区主栽品种甜心樱桃和那翁樱桃，种子在市场上购买得到。唐家山铅锌矿属干热河谷气候，年平均气温 17.9℃，年平均降水量 741.8 mm。四川农业大学雅安校区农场为典型的亚热带湿润季风气候，年平均气温 16.2℃，年平均降水量 1743.3 mm。

试验用土为紫色土，取自四川农业大学雅安校区农场，其基本理化性质同第三章第二节牛膝菊试验用土。

（二）试验方法

试验于 2011 年 10 月至 2012 年 7 月在四川农业大学雅安校区农场进行。2011 年 10 月将 2 种生态型小飞蓬种子播种育苗，2012 年 4 月将 2 种生态型龙葵、马唐种子及樱桃种子播种育苗。将供试土壤风干、压碎，在 20 cm×21 cm（高×直径）塑料盆中装入过 5 mm 筛的风干土 2.5 kg，以分析纯的 $CdCl_2 \cdot 2.5H_2O$ 形式将镉加入土壤中，使土壤镉浓度为 10 mg/kg，每天浇水以保持盆中土壤的田间持水量为 80%，放置 4 周，不定期翻土混合，使土壤充分混合均匀。1 个月后，将长势一致的 2 种生态型小飞蓬、龙葵和马唐幼苗分别移栽至盆中，并将两种樱桃幼苗也分别移栽至盆中，单种每盆种植 4 株，混种每盆种植每种植物各 2 株，每个处理重复 3 次。植物移栽后 70 d 收获，分别测定每种植物的生物量和镉含量，样品处理方法和指标测定方法同第三章第二节牛膝菊试验，并计算根冠比。同时取土壤样品，土壤样品风干后，过 1 mm 筛，测定土壤 pH 值和土壤有效态镉含量，测定方法同第六章第一节试验。

二、试验结果与分析

（一）混种对樱桃幼苗、超富集植物和富集植物生物量的影响

1. 混种对樱桃幼苗生物量的影响

从表 7-11 可以看出，与单种相比，混种 2 种生态型超富集植物或富集植物减少了樱桃幼苗的生物量，其中，混种矿山生态型龙葵的樱桃幼苗生物量最低，该处理条件下的甜心樱桃和那翁樱桃幼苗地上部分生物量分别较各自单种减少 77.09%（$P<0.05$）和 79.63%（$P<0.05$）。混种农田生态型超富集植物或富集植物的甜心樱桃幼苗地上部分生物量均高于混种矿山生态型。除混种马唐外，混种农田生态型小飞蓬和龙葵的甜心樱桃幼苗根系生物量均高于混种矿山生态型。除混种龙葵外，混种农田生态型小飞蓬和马唐的那翁樱桃幼苗地上部分生物量均低于混种矿山生态型。混种农田生态型超富集植物或富集植物的那翁樱桃幼苗根系生物量均高于混种矿山生态型。

表 7-11　混种对樱桃幼苗生物量的影响

樱桃品种	处理	地上部分（g/株）	根系（g/株）	根冠比
甜心	单种	1.222±0.126a	0.537±0.033a	0.439
	混种小飞蓬（农田）	0.693±0.069b	0.300±0.012b	0.433
	混种小飞蓬（矿山）	0.667±0.072b	0.236±0.014c	0.354
	混种龙葵（农田）	0.458±0.032d	0.182±0.023e	0.397
	混种龙葵（矿山）	0.280±0.030e	0.136±0.013f	0.486
	混种马唐（农田）	0.607±0.054c	0.223±0.028d	0.367
	混种马唐（矿山）	0.601±0.085c	0.227±0.029cd	0.378
那翁	单种	1.389±0.211a	0.493±0.023a	0.355
	混种小飞蓬（农田）	0.735±0.101b	0.253±0.013b	0.344
	混种小飞蓬（矿山）	0.740±0.094b	0.242±0.012c	0.327
	混种龙葵（农田）	0.433±0.052e	0.153±0.007d	0.353
	混种龙葵（矿山）	0.283±0.041f	0.079±0.002de	0.279
	混种马唐（农田）	0.492±0.067d	0.163±0.009e	0.331
	混种马唐（矿山）	0.606±0.014c	0.158±0.012f	0.261

注："农田"为农田生态型，"矿山"为矿山生态型，下同。

2. 混种对超富集植物和富集植物生物量的影响

从表 7-12 可以看出，混种樱桃幼苗后，除小飞蓬外，其他 2 种植物的生物量均低于各自单种，表明混种樱桃幼苗可能抑制了超富集植物或富集植物的生

长。混种樱桃幼苗后，除矿山生态型马唐外，其余超富集植物或富集植物的根冠比均低于各自单种。

表 7-12　混种对超富集植物和富集植物生物量的影响

植物	处理	地上部分（g/株）	根系（g/株）	根冠比
小飞蓬（农田）	单种	0.487±0.014a	0.245±0.005a	0.503
	混种甜心	0.234±0.012c	0.105±0.009c	0.449
	混种那翁	0.386±0.016b	0.152±0.018b	0.394
小飞蓬（矿山）	单种	0.131±0.011c	0.058±0.007a	0.443
	混种甜心	0.147±0.014b	0.060±0.002a	0.408
	混种那翁	0.155±0.013a	0.063±0.009a	0.406
龙葵（农田）	单种	1.034±0.050a	0.449±0.051a	0.434
	混种甜心	0.972±0.028b	0.393±0.027ab	0.404
	混种那翁	0.888±0.032c	0.364±0.026b	0.410
龙葵（矿山）	单种	0.714±0.016a	0.186±0.005a	0.261
	混种甜心	0.573±0.027c	0.143±0.009b	0.250
	混种那翁	0.634±0.034b	0.153±0.012b	0.241
马唐（农田）	单种	1.678±0.112a	0.508±0.003a	0.303
	混种甜心	1.162±0.068b	0.363±0.012b	0.312
	混种那翁	1.118±0.082b	0.298±0.022c	0.267
马唐（矿山）	单种	2.496±0.104a	0.443±0.007a	0.177
	混种甜心	0.891±0.059b	0.335±0.005c	0.376
	混种那翁	0.929±0.069b	0.384±0.026b	0.413

（二）混种对樱桃幼苗、超富集植物和富集植物镉含量的影响

1. 混种对樱桃幼苗镉含量的影响

混种超富集植物或富集植物降低了樱桃幼苗的镉含量（表 7-13）。混种农田生态型超富集植物或富集植物的樱桃幼苗镉含量高于混种矿山生态型。甜心樱桃幼苗地上部分镉含量的大小顺序为：单种＞混种马唐（农田）＞混种马唐（矿山）＞混种小飞蓬（农田）＞混种小飞蓬（矿山）＞混种龙葵（农田）＞混种龙葵（矿山），根系镉含量大小顺序为：单种＞混种龙葵（农田）＞混种马唐（农田）＞混种龙葵（矿山）＞混种小飞蓬（农田）＞混种马唐（矿山）＞混种小飞蓬（矿山）。混种矿山生态型龙葵的甜心樱桃幼苗地上部分镉含量最低，较单种减少了 61.44%（$P<0.05$），而混种矿山生态型小飞蓬的甜心樱桃幼苗根系镉含量最低，较单种减少了 52.13%（$P<0.05$）。对那翁樱桃幼苗而言，其地上部分

镉含量规律与甜心樱桃幼苗一致，但其根系镉含量大小顺序为：单种>混种龙葵（农田）>混种马唐（农田）>混种小飞蓬（农田）>混种小飞蓬（矿山）>混种马唐（矿山）>混种龙葵（矿山）。混种矿山生态型龙葵的那翁樱桃幼苗地上部分和根系镉含量均最低，分别较单种减少了 52.23%（$P<0.05$）和 58.66%（$P<0.05$）。

表 7-13 混种对樱桃幼苗镉含量的影响

樱桃品种	处理	地上部分（mg/kg）	根系（mg/kg）
甜心	单种	1.740±0.151a	78.077±5.526a
	混种小飞蓬（农田）	0.881±0.105d	47.857±3.596e
	混种小飞蓬（矿山）	0.845±0.091e	37.374±6.476g
	混种龙葵（农田）	0.783±0.109f	58.725±7.214b
	混种龙葵（矿山）	0.671±0.075g	48.416±3.144d
	混种马唐（农田）	1.693±0.215b	55.024±2.060c
	混种马唐（矿山）	1.546±0.120c	40.046±4.107f
那翁	单种	1.367±0.091a	76.055±5.079a
	混种小飞蓬（农田）	0.837±0.030c	36.092±2.107d
	混种小飞蓬（矿山）	0.828±0.055c	35.621±5.432d
	混种龙葵（农田）	0.657±0.026d	45.403±7.949b
	混种龙葵（矿山）	0.653±0.099d	31.442±5.044e
	混种马唐（农田）	1.345±0.046a	42.362±6.092c
	混种马唐（矿山）	1.265±0.102b	32.667±4.040e

2. 混种对超富集植物和富集植物镉含量的影响

除混种那翁樱桃幼苗的矿山生态型马唐外，混种樱桃幼苗均增加了其余超富集植物或富集植物的镉含量（表 7-14）。各超富集植物或富集植物单种的地上部分镉含量大小顺序为：龙葵（矿山）>龙葵（农田）>小飞蓬（农田）>小飞蓬（矿山）>马唐（矿山）>马唐（农田），根系镉含量大小顺序为：马唐（矿山）>龙葵（矿山）>马唐（农田）>小飞蓬（农田）>龙葵（农田）>小飞蓬（矿山）。

表 7-14　混种对超富集植物和富集植物镉含量的影响

植物	处理	地上部分（mg/kg）	根系（mg/kg）
小飞蓬（农田）	单种	21.330±1.029c	52.310±5.088c
	混种甜心	25.444±3.087b	53.119±3.067b
	混种那翁	29.422±2.160a	54.254±5.271a
小飞蓬（矿山）	单种	19.168±4.005c	28.000±4.093c
	混种甜心	23.502±2.580a	37.330±2.612a
	混种那翁	21.230±2.100b	35.830±3.232b
龙葵（农田）	单种	23.099±2.073c	40.159±5.152c
	混种甜心	25.589±4.132a	52.901±3.031b
	混种那翁	24.964±3.168b	69.219±2.475a
龙葵（矿山）	单种	60.001±2.119c	89.384±3.183b
	混种甜心	69.860±4.110a	102.319±7.101a
	混种那翁	67.396±3.402b	102.107±9.096a
马唐（农田）	单种	5.045±0.500c	78.415±10.407c
	混种甜心	5.477±0.715b	103.316±12.378a
	混种那翁	5.978±0.319a	95.655±9.375b
马唐（矿山）	单种	5.347±0.836b	99.96±8.272b
	混种甜心	5.818±0.499a	118.099±7.285a
	混种那翁	5.032±0.635c	92.855±9.025c

（三）混种对土壤 pH 值和土壤有效态镉含量的影响

超富集植物或富集植物与 2 种樱桃幼苗混种后土壤 pH 值的变化与樱桃单种或超富集植物、富集植物单种的 pH 值差异显著（图 7-3）。与单种相比，混种的土壤有效态镉含量的变化达到显著水平（图 7-4）。小飞蓬与樱桃幼苗混种的土壤有效态镉含量较 2 种樱桃幼苗单种或 2 种生态型小飞蓬单种显著增加。龙葵与甜心樱桃幼苗混种的土壤有效态镉含量较甜心樱桃幼苗单种或 2 种龙葵单种时均减少。龙葵与那翁樱桃幼苗混种的土壤有效态镉含量高于那翁樱桃幼苗单种，却低于 2 种生态型龙葵单种。农田生态型马唐混种樱桃幼苗的土壤有效态镉含量低于 2 种樱桃幼苗单种，但高于农田生态型马唐单种。矿山生态型马唐混种那翁樱桃幼苗的土壤有效态镉含量低于那翁樱桃幼苗单种，但高于矿山生态型马唐单种。矿山生态型马唐混种甜心樱桃幼苗的土壤有效态镉含量则比两者单种都低。

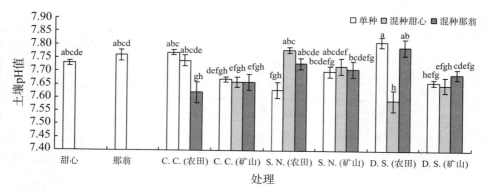

图 7-3　混种对土壤 pH 值的影响

注：C. C. = 小飞蓬；S. N. = 龙葵；D. S. = 马唐。

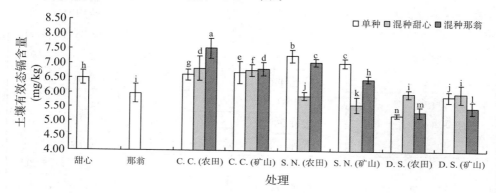

图 7-4　混种对土壤有效态镉含量的影响

注：C. C. = 小飞蓬；S. N. = 龙葵；D. S. = 马唐。

三、结论

试验中所使用的超富集植物或富集植物均为农田杂草，生长速度较樱桃幼苗快，因而混种的樱桃幼苗生物量低于单种。混种超富集植物或富集植物降低了樱桃幼苗的镉含量，其中混种农田生态型超富集植物或富集植物的樱桃幼苗镉含量高于混种矿山生态型。总之，混种超富集植物或富集植物均能用于被镉污染樱桃园的土壤修复，其中矿山生态型龙葵效果最好。

第八章　其他措施对植物修复的影响

第一节　嫁接对植物修复的影响

一、试验材料与方法

（一）试验材料

2016 年 5 月，在四川农业大学雅安校区农场和四川省汉源县唐家山铅锌矿分别采集了 2 种生态型（农田生态型和矿山生态型）少花龙葵种子，存放于 4℃冰箱。

试验用土为潮土，取自四川农业大学成都校区农场，其基本理化性质为：pH 值 6.94、有机质 43.64 g/kg、全氮 3.63 g/kg、全磷 0.38 g/kg、全钾 17.54 g/kg、全镉 0.103 mg/kg、碱解氮 195.00 mg/kg、速效磷 6.25 mg/kg、速效钾 191.13 mg/kg 和有效态镉 0.022 mg/kg。

（二）试验方法

2016 年 6 月，在四川农业大学成都校区农场播种 2 种生态型的少花龙葵种子，当少花龙葵幼苗达到 10 cm 高时进行嫁接（8 株展开叶，快速生长期）。嫁接方法为劈接，用 1 cm 宽的塑料膜将植物捆绑在一起，保留所有砧木叶子。试验分为 4 个处理：未嫁接农田生态型（农田对照）、未嫁接矿山生态型（矿山对照）、农田生态型为接穗嫁接于矿山生态型砧木（农穗矿砧）和矿山生态型为接穗嫁接于农田生态型砧木（农砧矿穗）。嫁接完成后，保持土壤的田间持水量为 80%，所有幼苗均被透明塑料膜和遮阳网覆盖。10 d 后，去除透明塑料膜和遮阳网。

2016 年 6 月，将土壤风干、压碎、过 5 mm 筛后，分别称取 3.0 kg 装于 15 cm×18 cm（高×直径）的塑料盆内，加入分析纯 $CdCl_2 \cdot 2.5H_2O$ 溶液，使其镉浓度为 10 mg/kg，混匀放置 4 周，保持土壤的田间持水量为 80%。2016 年 7 月，将每个处理中长势一致的 4 株少花龙葵幼苗移栽至盆中，每个处理重复 5 次，每天浇水以保持盆中土壤的田间持水量为 80%。1 个月后，分别测定少花龙葵光合色素（叶绿素 a、叶绿素 b 和类胡萝卜素）含量、抗氧化酶（POD、SOD、CAT）活性、可溶性蛋白含量、生物量和镉含量，样品处理方法和指标测定方法同第三章第二节牛膝菊和稻槎菜试验，并计算根冠比、转运系数、转运量系数和镉积累量。

二、试验结果与分析

（一）相互嫁接对少花龙葵生物量的影响

与农田对照相比，矿山对照植物各器官的生物量均较低（表8-1）。少花龙葵根系、砧木茎秆、砧木叶片和砧木地上部分生物量大小顺序为：农砧矿穗＞农穗矿砧＞农田对照＞矿山对照；接穗茎秆生物量大小顺序为：农田对照＞矿山对照＞农砧矿穗＞农穗矿砧；接穗叶片和接穗地上部分生物量大小顺序为：农田对照＞农砧矿穗＞矿山对照＞农穗矿砧。农穗矿砧的整株地上部分生物量低于农田对照和矿山对照。农砧矿穗的整株地上部分生物量介于农田对照和矿山对照之间。2种嫁接处理的根冠比均高于农田对照和矿山对照，其大小顺序为：农穗矿砧＞农砧矿穗＞矿山对照＞农田对照。

表8-1　相互嫁接对少花龙葵生物量的影响

处理	根系（g/株）	砧木茎秆（g/株）	接穗茎秆（g/株）	砧木叶片（g/株）	接穗叶片（g/株）	砧木地上部分（g/株）	接穗地上部分（g/株）	整株地上部分（g/株）	根冠比
农田对照	0.108±0.003b	0.085±0.004c	0.181±0.007a	0.105±0.003c	1.004±0.008a	0.190±0.007c	1.185±0.016a	1.375±0.023a	0.079
矿山对照	0.081±0.004c	0.060±0.005d	0.150±0.008b	0.089±0.006d	0.626±0.006c	0.149±0.011d	0.776±0.014c	0.925±0.025b	0.088
农穗矿砧	0.110±0.003b	0.100±0.006b	0.085±0.004c	0.152±0.008b	0.586±0.005d	0.252±0.014b	0.671±0.009d	0.923±0.023b	0.119
农砧矿穗	0.134±0.006a	0.128±0.003a	0.093±0.003c	0.208±0.004a	0.891±0.007b	0.336±0.007a	0.984±0.010b	1.320±0.017a	0.102

（二）相互嫁接对少花龙葵光合色素含量的影响

嫁接后，农穗矿砧的叶绿素a和叶绿素总量含量均高于农田对照，但与矿山对照相比差异不显著（表8-2）。农砧矿穗的叶绿素a和叶绿素总量含量介于农田对照和矿山对照之间（高于农田对照，低于矿山对照）。矿山对照、农穗矿砧和农砧矿穗的叶绿素b和类胡萝卜素含量均高于农田对照，但矿山对照、农穗矿砧和农砧矿穗间差异不显著。少花龙葵各处理间叶绿素a/b差异不显著。

表8-2　相互嫁接对少花龙葵光合色素含量的影响

处理	叶绿素a（mg/g）	叶绿素b（mg/g）	叶绿素总量（mg/g）	类胡萝卜素（mg/g）	叶绿素a/b
农田对照	1.112±0.024c	0.464±0.009b	1.576±0.032c	0.429±0.009b	2.397
矿山对照	1.374±0.022a	0.578±0.020a	1.952±0.042a	0.519±0.017a	2.377
农穗矿砧	1.400±0.010a	0.585±0.024a	1.985±0.033a	0.524±0.003a	2.393
农砧矿穗	1.273±0.034b	0.549±0.016a	1.822±0.050b	0.499±0.014a	2.319

（三）相互嫁接对少花龙葵抗氧化酶活性和可溶性蛋白含量的影响

农穗矿砧的 SOD 活性高于农田对照和矿山对照，而农砧矿穗中 SOD 活性高于农田对照，但与矿山对照差异不显著（表 8-3）。农穗矿砧与农砧矿穗的 SOD 活性差异也不显著。与农田对照和矿山对照相比，嫁接提高了少花龙葵 POD 和 CAT 活性，可溶性蛋白含量也有所增加，这三个指标的大小顺序均为：农穗矿砧＞农砧矿穗＞矿山对照＞农田对照。

表 8-3　相互嫁接对少花龙葵抗氧化酶活性和可溶性蛋白含量的影响

处理	SOD 活性（U/g）	POD 活性[U/(g·min)]	CAT 活性[U/(g·min)]	可溶性蛋白含量（mg/g）
农田对照	186.01±3.95c	484.55±7.40d	1.76±0.02c	6.64±0.43c
矿山对照	191.33±2.01bc	560.48±5.06c	1.78±0.03c	8.25±0.82b
农穗矿砧	203.42±3.22a	699.35±5.92a	2.19±0.04a	11.88±0.44a
农砧矿穗	196.56±2.46ab	615.21±10.13b	1.92±0.03b	9.20±0.41b

（四）相互嫁接对少花龙葵镉含量的影响

农田对照不同器官的镉含量均低于矿山对照，农砧矿穗不同器官的镉含量均低于农穗矿砧（表 8-4）。与农田对照相比，农砧矿穗的根系、砧木茎秆、砧木叶片和砧木地上部分镉含量均显著增加；与矿山对照相比，农穗矿砧的根系、砧木茎秆、砧木叶片和砧木地上部分镉含量也均显著增加，但嫁接降低了少花龙葵接穗的镉含量。农穗矿砧和农砧矿穗的接穗茎秆、接穗叶片和接穗地上部分镉含量均低于农田对照和矿山对照。农穗矿砧整株地上部分的镉含量介于矿山对照和农田对照之间，农砧矿穗整株地上部分镉含量低于农田对照和矿山对照。少花龙葵转运系数的大小顺序为：矿山对照＞农田对照＞农穗矿砧＞农砧矿穗。

表 8-4　相互嫁接对少花龙葵镉含量的影响

处理	根系（mg/kg）	砧木茎秆（mg/kg）	接穗茎秆（mg/kg）	砧木叶片（mg/kg）	接穗叶片（mg/kg）	砧木地上部分（mg/kg）	接穗地上部分（mg/kg）	整株地上部分（mg/kg）	转运系数
农田对照	66.12±1.26c	17.33±0.98c	26.35±1.22ab	39.72±1.66d	56.68±1.84b	29.68±0.59d	52.05±1.50b	48.96±1.44b	0.740
矿山对照	80.99±2.87b	26.34±1.06a	30.51±2.21a	63.94±1.82b	78.61±2.14a	48.79±0.47b	69.32±0.94a	66.01±0.71a	0.815
农穗矿砧	95.96±3.64a	28.05±0.95a	25.34±1.40b	73.78±2.50a	53.74±1.47b	55.63±1.89a	50.13±1.32b	51.64±1.53b	0.538
农砧矿穗	77.15±2.59b	23.16±1.34b	22.12±1.92b	50.91±2.22c	33.90±1.57c	40.33±0.89c	32.78±1.58c	34.70±0.97c	0.450

（五）相互嫁接对少花龙葵镉积累量的影响

与农田对照相比，矿山对照的根系、砧木茎秆、砧木叶片、砧木地上部分和接穗茎秆的镉积累量差异不显著，而矿山对照的接穗叶片、接穗地上部分和整株地上部分镉积累量显著低于农田对照（表 8-5）。农穗矿砧不同器官的镉积累量与农砧矿穗差异不显著。嫁接后，农穗矿砧和农砧矿穗的根系、砧木茎秆、砧木叶片和砧木地上部分镉积累量均显著高于农田对照和矿山对照。农穗矿砧和农砧矿穗的接穗茎秆、接穗叶片、接穗地上部分和整枝地上部分镉积累量均显著低于农田对照和矿山对照。嫁接提高了少花龙葵的转运量系数，农田对照和矿山对照之间的转运量系数差异不显著，农穗矿砧和农砧矿穗之间的转运量系数差异也不显著。

表 8-5　相互嫁接对少花龙葵镉积累量的影响

处理	根系 （µg/株）	砧木茎秆 （µg/株）	接穗茎秆 （µg/株）	砧木叶片 （µg/株）	接穗叶片 （µg/株）	砧木地上部分 （µg/株）	接穗地上部分 （µg/株）	整株地上部分 （µg/株）	转运量系数
农田对照	7.14±0.06b	1.47±0.16b	4.77±0.40a	4.17±0.06b	56.91±1.37a	5.64±1.10b	61.68±0.96a	67.32±0.86a	9.43
矿山对照	6.56±0.57b	1.58±0.06b	4.58±0.07a	5.69±0.52b	49.21±1.78b	7.27±0.59b	53.79±1.71b	61.06±2.30b	9.31
农穗矿砧	10.56±0.67a	2.81±0.26a	2.15±0.23b	11.21±1.01a	31.49±1.12c	14.02±1.27a	33.64±1.35c	47.66±2.62c	4.51
农砧矿穗	10.34±0.79a	2.96±0.23a	2.06±0.24b	10.59±0.25a	30.20±1.64c	13.55±0.01a	32.26±1.88c	45.81±1.87c	4.43

三、结论

两种生态型少花龙葵的相互嫁接促进了砧木的生长，但在短时间内未能促进接穗的生长。相互嫁接提高了两种生态型少花龙葵砧木的镉含量和镉积累量，但短时间内未能提高接穗的镉含量和镉积累量。因此，采用相互嫁接来提高不同生态型少花龙葵对土壤镉的修复能力需生长较长时间。

第二节　杂交对植物修复的影响

一、试验材料与方法

（一）试验材料

2014 年 7 月，分别在两个不同气候生态区的四川农业大学成都校区农场（盆西中亚热带多春夏旱区）和四川农业大学雅安校区农场（盆西山地中亚热带一寒带区）各采集了 1 株龙葵植株（以下称成都龙葵和雅安龙葵），并种植于四川农业大学雅安校区农场。待龙葵开花时去雄、套袋、相互杂交。杂交方式：一是以成都龙葵作为父本，雅安龙葵作为母本；二是以雅安龙葵作为父本，成都龙葵作为母本。龙葵种子成熟后，分别收集，风干，于 4℃保存。

2015 年 3 月，将收集到的龙葵种子播撒于四川农业大学雅安校区农场，待 4 片真叶展开时移栽。

试验用土为紫色土，取自四川农业大学雅安校区农场，其基本理化性质同第三章第二节牛膝菊试验用土。

（二）试验方法

1. 高浓度镉试验

高浓度镉试验于 2015 年 2～6 月在四川农业大学雅安校区农场避雨棚中进行。将土壤风干、压碎、过 5 mm 筛后，分别称取 3.0 kg 装于 15 cm×18 cm（高×直径）的塑料盆内，加入分析纯 $CdCl_2 \cdot 2.5H_2O$ 溶液，使其镉浓度为 50 mg/kg，混匀放置 8 周，每天浇水以保持盆中土壤的田间持水量为 80%。龙葵处理为成都龙葵、雅安龙葵、成都父本×雅安母本 F1 代种子（成都父本 F1 代）和雅安父本×成都母本 F1 代种子（雅安父本 F1 代）。2015 年 5 月，将龙葵幼苗（有 4 片真叶展开）移栽至盆中，每个处理重复 3 次，保持土壤的田间持水量为 80%。待龙葵生长 1 个月后，整株收获，分别测定生物量和镉含量，样品处理方法和指标测定方法同第三章第二节牛膝菊试验，并计算根冠比、转运系数和镉积累量。

2. 低浓度镉试验

低浓度镉试验于 2015 年 2～6 月在四川农业大学雅安校区农场避雨棚中进行。试验用土准备与高浓度镉试验一致，以 $CdCl_2 \cdot 2.5H_2O$ 形式将镉添加至土壤，使土壤镉浓度为 10 mg/kg，后期管理与指标测定也与高浓度镉试验一致。待龙葵生长 1 个月后，整株收获，分别测定生物量和镉含量，样品处理方法和指标测定方法同第三章第二节牛膝菊试验，并计算根冠比、转运系数和镉积累量。

3. 小区试验

小区试验于 2015 年 2～6 月在四川农业大学雅安校区农场进行。土壤处理后，镉浓度最终为 10 mg/kg。2015 年 5 月，将龙葵幼苗以每平方米 100 株（以 10 cm×10 cm 网格形式）直接种植在小区中，每个小区面积为 1.0 m²（1.0 m×1.0 m），每个处理重复 3 次。待龙葵生长 1 个月后，收获地上部分，分别测定其生物量和镉含量，样品处理方法和指标测定方法同第三章第二节牛膝菊试验，并计算镉积累量。

二、试验结果与分析

（一）高浓度镉条件下相互杂交对龙葵生物量的影响

在高浓度镉条件下，成都龙葵根系、茎秆、叶片和地上部分生物量均高于雅安龙葵，但差异不显著（表 8-6）。与两个亲本相比，成都父本 F1 代和雅安父本 F1 代的根系、茎秆、叶片和地上部分生物量均有所增加，但两个 F1 代间的各器官生物量均差异不显著。与成都龙葵相比，成都父本 F1 代根系生物量增加了 16.25%（$P<0.05$），地上部分生物量增加了 20.81%（$P<0.05$）；与雅安龙葵相比，成都父本 F1 代根系生物量增加了 19.35%（$P<0.05$），地上部分生物量增加了 24.65%（$P<0.05$）。与成都龙葵相比，雅安父本 F1 代根系生物量增

加了 17.86%（$P<0.05$），地上部分生物量增加了 22.20%（$P<0.05$）；与雅安龙葵相比，雅安父本 F1 代根系生物量增加了 21.01%（$P<0.05$），地上部分生物量增加了 26.09%（$P<0.05$）。成都龙葵的根冠比低于雅安龙葵，两个 F1 代的根冠比均低于两个亲本，且成都父本 F1 代的根冠比低于雅安父本 F1 代。

表 8-6　高浓度镉条件下相互杂交对龙葵生物量的影响

处理	根系 （g/株）	茎秆 （g/株）	叶片 （g/株）	地上部分 （g/株）	根冠比
成都龙葵	1.114±0.014b	1.014±0.013b	1.418±0.029b	2.432±0.042b	0.458
雅安龙葵	1.085±0.025b	1.001±0.021b	1.356±0.024b	2.357±0.045b	0.460
成都父本 F1 代	1.295±0.065a	1.180±0.030a	1.758±0.057a	2.938±0.087a	0.441
雅安父本 F1 代	1.313±0.043a	1.196±0.016a	1.776±0.044a	2.972±0.060a	0.442

（二）高浓度镉条件下相互杂交对龙葵镉含量的影响

在高浓度镉条件下，成都龙葵的根系、茎秆、叶片和地上部分镉含量均高于雅安龙葵，但除茎秆镉含量外差异均不显著（表 8-7）。成都父本 F1 代和雅安父本 F1 代的根系、茎秆、叶片和地上部分镉含量较两个亲本均有所降低，且成都父本 F1 代的各器官镉含量均低于雅安父本 F1 代。与成都龙葵和雅安龙葵相比，成都父本 F1 代的地上部分镉含量分别减少了 13.46%（$P<0.05$）和 9.43%（$P<0.05$），雅安父本 F1 代的地上部分镉含量分别减少了 10.88%（$P<0.05$）和 6.73%（$P<0.05$）。成都龙葵的转运系数高于雅安龙葵，两个 F1 代的转运系数均低于两个亲本，但两个 F1 代之间的转运系数差异不显著。

表 8-7　高浓度镉条件下相互杂交对龙葵镉含量的影响

处理	根系 （mg/kg）	茎秆 （mg/kg）	叶片 （mg/kg）	地上部分 （mg/kg）	转运系数
成都龙葵	130.71±2.38a	80.22±1.66a	141.55±6.15a	115.98±4.39a	0.887
雅安龙葵	125.82±5.57ab	76.49±1.06b	136.17±5.92a	110.82±3.81a	0.881
成都父本 F1 代	115.93±2.68c	69.88±2.68c	120.84±2.77b	100.37±2.82b	0.866
雅安父本 F1 代	119.23±2.40bc	71.58±1.77c	124.76±4.31b	103.36±3.43b	0.867

（三）高浓度镉条件下相互杂交对龙葵镉积累量的影响

在高浓度镉条件下，成都龙葵的根系、茎秆、叶片、地上部分及整株镉积累量均高于雅安龙葵，但差异不显著（表 8-8）。与两个亲本相比，成都父本 F1 代和雅安父本 F1 代的根系、茎秆、叶片、地上部分和整株镉积累量均有所增加，且成都父本 F1 代的各器官镉积累量低于雅安父本 F1 代。成都父本 F1 代的地上部分和整株镉积累量较成都龙葵分别增加了 4.55%（$P>0.05$）和 4.05%

（$P>0.05$），较雅安龙葵分别增加了 12.89%（$P<0.05$）和 11.89%（$P<0.05$）。雅安父本 F1 代的地上部分和整株镉积累量较成都龙葵分别增加了 8.91%（$P>0.05$）和 8.42%（$P>0.05$），较雅安龙葵分别增加了 17.59%（$P<0.05$）和 16.60%（$P<0.05$）。

表8-8 高浓度镉条件下相互杂交对龙葵镉积累量的影响

处理	根系 (μg/株)	茎秆 (μg/株)	叶片 (μg/株)	地上部分 (μg/株)	整株 (μg/株)
成都龙葵	145.61±4.49ab	81.34±2.73ab	200.72±12.83ab	282.06±15.55ab	427.67±20.04ab
雅安龙葵	136.45±9.12b	76.57±2.67b	184.65±11.30b	261.22±13.97b	397.67±23.09b
成都父本 F1 代	150.07±10.95ab	82.46±5.26a	212.44±11.76a	294.90±17.02a	444.97±27.96a
雅安父本 F1 代	156.49±8.22a	85.61±3.26a	221.57±13.15a	307.18±16.41a	463.67±24.63a

（四）低浓度镉条件下相互杂交对龙葵生物量的影响

在低浓度镉条件下，成都龙葵的各器官生物量高于雅安龙葵，但差异不显著（表8-9）。与两个亲本相比，成都父本 F1 代和雅安父本 F1 代的根系、茎秆、叶片和地上部分生物量均有所增加，且成都父本 F1 代的各器官生物量均低于雅安父本 F1 代。与成都龙葵和雅安龙葵相比，成都父本 F1 代的地上部分生物量分别增加了 23.75%（$P<0.05$）和 49.01%（$P<0.05$），雅安父本 F1 代的地上部分生物量分别增加了 24.13%（$P<0.05$）和 49.47%（$P<0.05$）。成都龙葵的根冠比低于雅安龙葵，两个 F1 代的根冠比均低于两个亲本，成都父本 F1 代的根冠比低于雅安父本 F1 代。

表8-9 低浓度镉条件下相互杂交对龙葵生物量的影响

处理	根系 (g/株)	茎秆 (g/株)	叶片 (g/株)	地上部分 (g/株)	根冠比
成都龙葵	1.386±0.066b	1.396±0.021b	2.503±0.021b	3.899±0.042b	0.355
雅安龙葵	1.221±0.021c	1.313±0.043c	1.925±0.024c	3.238±0.067c	0.377
成都父本 F1 代	1.564±0.054a	1.756±0.016a	3.069±0.080a	4.825±0.096a	0.324
雅安父本 F1 代	1.571±0.051a	1.763±0.027a	3.077±0.085a	4.840±0.112a	0.325

（五）低浓度镉条件下相互杂交对龙葵镉含量的影响

在低浓度镉条件下，成都龙葵的根系、茎秆、叶片和地上部分镉含量均高于雅安龙葵（表8-10）。与两个亲本相比，成都父本 F1 代和雅安父本 F1 代的不同器官镉含量均有所下降，且成都父本 F1 代的各器官镉含量均低于雅安父本 F1 代。与成都龙葵和雅安龙葵相比，成都父本 F1 代的地上部分镉含量分别减少了 15.85%（$P<0.05$）和 8.24%（$P<0.05$），雅安父本 F1 代的地上部分镉含量

分别减少了 12.53%（$P<0.05$）和 4.62%（$P<0.05$）。成都龙葵的转运系数高于雅安龙葵，两个 F1 代的转运系数均低于两个亲本，成都父本 F1 代的转运系数高于雅安父本 F1 代。

表 8-10　低浓度镉条件下相互杂交对龙葵镉含量的影响

处理	根系 （mg/kg）	茎秆 （mg/kg）	叶片 （mg/kg）	地上部分 （mg/kg）	转运系数
成都龙葵	47.24±1.23a	42.22±1.17a	66.07±1.75a	57.53±1.51a	1.22
雅安龙葵	44.82±1.62ab	39.89±2.03a	61.53±1.02b	52.76±1.32b	1.18
成都父本 F1 代	42.12±1.12b	33.62±1.39b	56.88±2.86bc	48.41±2.42bc	1.15
雅安父本 F1 代	43.53±1.53b	35.55±1.96b	58.79±2.80c	50.32±2.56c	1.16

（六）低浓度镉条件下相互杂交对龙葵镉积累量的影响

在低浓度镉条件下，成都龙葵的根系、茎秆、叶片、地上部分和整株镉积累量均高于雅安龙葵（表 8-11）。与两个亲本相比，成都父本 F1 代和雅安父本 F1 代的镉积累量均有所增加，成都父本 F1 代的各器官镉积累量均低于雅安父本 F1 代。成都父本 F1 代的地上部分和整株镉积累量较成都龙葵分别增加了 4.14%（$P>0.05$）和 3.35%（$P>0.05$），较雅安龙葵分别增加了 36.74%（$P<0.05$）和 32.77%（$P<0.05$）；雅安父本 F1 代的地上部分和整株镉积累量较成都龙葵分别增加了 8.59%（$P>0.05$）和 7.65%（$P>0.05$），较雅安龙葵分别增加了 42.58%（$P<0.05$）和 38.30%（$P<0.05$）。

表 8-11　低浓度镉条件下相互杂交对龙葵镉积累量的影响

处理	根系 （μg/株）	茎秆 （μg/株）	叶片 （μg/株）	地上部分 （μg/株）	整株 （μg/株）
成都龙葵	65.47±4.83a	58.94±2.52ab	165.37±5.77a	224.31±8.29a	289.78±13.12a
雅安龙葵	54.73±2.92b	52.38±4.38b	118.45±3.44b	170.83±7.82b	225.56±10.74b
成都父本 F1 代	65.88±4.03a	59.04±2.98ab	174.56±13.33a	233.60±16.31a	299.48±20.33a
雅安父本 F1 代	68.39±4.63a	62.67±4.42a	180.90±13.62a	243.57±18.03a	311.96±22.66a

（七）小区条件下相互杂交对龙葵地上部分生物量、镉含量及镉积累量的影响

在小区条件，成都龙葵的地上部分生物量、镉含量和镉积累量均高于雅安龙葵，且各处理间差异显著（表 8-12）。与两个亲本相比，成都父本 F1 代和雅安父本 F1 代的地上部分生物量、镉含量和镉积累量均有所增加，且成都父本 F1 代的这些指标均低于雅安父本 F1 代。与成都龙葵和雅安龙葵相比，成都父本 F1 代的地上部分生物量分别增加了 48.35%（$P<0.05$）和 61.56%（$P<0.05$），

地上部分镉含量分别减少了 21.00%（$P<0.05$）和 9.33%（$P<0.05$），地上部分镉积累量分别增加了 17.20%（$P<0.05$）和 46.51%（$P<0.05$）；与成都龙葵和雅安龙葵相比，雅安父本 F1 代的地上部分生物量分别增加了 49.46%（$P<0.05$）和 62.78%（$P<0.05$），地上部分镉含量分别减少了 17.65%（$P<0.05$）和 5.49%（$P<0.05$），地上部分镉积累量分别增加了 23.08%（$P<0.05$）和 53.86%（$P<0.05$）。

表 8-12　小区条件下相互杂交对龙葵地上部分生物量、镉含量及镉积累量的影响

处理	地上部分生物量（g/m²）	地上部分镉含量（mg/kg）	地上部分镉积累量（mg/m²）
成都龙葵	327.56±7.05b	63.34±1.46a	20.75±0.92b
雅安龙葵	300.77±5.65c	55.19±2.07b	16.60±0.93c
成都父本 F1 代	485.93±5.84a	50.04±1.81c	24.32±1.17a
雅安父本 F1 代	489.58±6.83a	52.16±1.50bc	25.54±1.09a

三、结论

两个气候生态区的龙葵杂交 F1 代的生物量和镉积累量均高于两个亲本，但不同器官的镉含量均低于两个亲本。龙葵 F1 代的生物量和镉积累量表现出杂种优势。因此，利用不同气候生态区的龙葵相互杂交可以有效提高龙葵对镉污染土壤的修复能力。

第三节　螯合剂对植物修复的影响

一、试验材料与方法

（一）试验材料

试验用土为紫色土，取自四川农业大学雅安校区农场，其基本理化性质同第三章第二节牛膝菊试验用土。

牛膝菊幼苗于 2014 年 4 月采自四川农业大学雅安校区农场未被污染区域。

（二）试验方法

试验于 2014 年 3～6 月在四川农业大学雅安校区农场避雨棚中进行。2014 年 3 月，将土壤样品风干过 5 mm 筛，装 3.0 kg 风干土于 15 cm×18 cm（高×直径）的塑料盆中，以 $CdCl_2 \cdot 2.5H_2O$ 溶液形式加入镉使土壤镉浓度为 10 mg/kg，混匀放置 4 周，每天浇水以保持盆中土壤的田间持水量为 80%。然后将各盆土壤与不同浓度的 DTPA（0、0.5、1、2 和 4 mmol/kg）混合，再放

置1周后移栽牛膝菊幼苗。将长势一致的2对真叶展开的牛膝菊幼苗移栽至盆中，每盆种植4株，每个处理重复3次，保持土壤的田间持水量为80%。50 d后分别测定光合色素（叶绿素a、叶绿素b和类胡萝卜素）含量、生物量和镉含量，样品处理方法和指标测定方法同第三章第二节牛膝菊和稻槎菜试验，并计算根冠比和转运系数。

二、试验结果与分析

（一）DTPA对牛膝菊生物量的影响

牛膝菊的根系、茎秆、叶片和地上部分生物量随着土壤中DTPA浓度的增加而减少（表8-13）。与对照相比，在0.5、1、2和4 mmol/kg的DTPA处理时，牛膝菊的根系生物量分别减少了0.58%（$P>0.05$）、2.31%（$P>0.05$）、3.85%（$P<0.05$）和5.39%（$P<0.05$），地上部分生物量分别减少了5.06%（$P<0.05$）、8.82%（$P<0.05$）、12.55%（$P<0.05$）和18.49%（$P<0.05$）。随着DTPA浓度的增加，牛膝菊的根冠比呈上升趋势。

表8-13 DTPA对牛膝菊生物量的影响

DTPA浓度（mmol/kg）	根系（g/株）	茎秆（g/株）	叶片（g/株）	地上部分（g/株）	根冠比
0	0.519±0.006a	1.425±0.035a	1.284±0.030a	2.709±0.065a	0.192
0.5	0.516±0.004a	1.364±0.020b	1.208±0.017b	2.572±0.037b	0.201
1	0.507±0.010ab	1.334±0.018b	1.136±0.013c	2.470±0.031bc	0.205
2	0.499±0.006b	1.258±0.024c	1.111±0.014c	2.369±0.038c	0.211
4	0.491±0.003b	1.203±0.014c	1.005±0.007d	2.208±0.021d	0.222

（二）DTPA对牛膝菊光合色素含量的影响

随着土壤中DTPA浓度的增加，牛膝菊的叶绿素a、叶绿素b、叶绿素总量和类胡萝卜素含量均有所减少（表8-14）。与对照相比，在0.5、1、2和4 mmol/kg的DTPA处理时，牛膝菊叶绿素总量含量分别减少了17.79%（$P<0.05$）、18.01%（$P<0.05$）、26.63%（$P<0.05$）和32.43%（$P<0.05$），类胡萝卜素含量分别减少了19.80%（$P<0.05$）、21.45%（$P<0.05$）、30.86%（$P<0.05$）和35.31%（$P<0.05$）。牛膝菊的叶绿素a/b呈先降后升的趋势。

表8-14 DTPA对牛膝菊光合色素含量的影响

DTPA浓度（mmol/kg）	叶绿素a（mg/g）	叶绿素b（mg/g）	叶绿素总量（mg/g）	类胡萝卜素（mg/g）	叶绿素a/b
0	1.790±0.003a	0.486±0.003a	2.276±0.006a	0.606±0.006a	3.683

DTPA 浓度 (mmol/kg)	叶绿素 a (mg/g)	叶绿素 b (mg/g)	叶绿素总量 (mg/g)	类胡萝卜素 (mg/g)	叶绿素 a/b
0.5	1.471±0.040b	0.400±0.011b	1.871±0.051b	0.486±0.017b	3.678
1	1.460±0.044b	0.406±0.007b	1.866±0.051b	0.476±0.012b	3.596
2	1.313±0.068c	0.357±0.015c	1.670±0.083c	0.419±0.002c	3.675
4	1.214±0.060c	0.324±0.004d	1.538±0.064c	0.392±0.009c	3.747

（三）DTPA 对牛膝菊镉含量的影响

牛膝菊的根系、茎秆、叶片和地上部分镉含量随着土壤中 DTPA 浓度的增加而增加，这与 DTPA 提高了土壤中的有效镉浓度有关（表 8-15）。与对照相比，在 0.5、1、2 和 4 mmol/kg 的 DTPA 处理条件下，牛膝菊根系镉含量分别增加了 12.31%（$P>0.05$）、62.11%（$P<0.05$）、111.01%（$P<0.05$）和 218.22%（$P<0.05$），地上部分镉含量分别增加了 14.79%（$P>0.05$）、101.68%（$P<0.05$）、176.22%（$P<0.05$）和 347.39%（$P<0.05$）。牛膝菊的转运系数也随着土壤中 DTPA 浓度的增加而增加。

表 8-15　DTPA 对牛膝菊镉含量的影响

DTPA 浓度 (mmol/kg)	根系 (mg/kg)	茎秆 (mg/kg)	叶片 (mg/kg)	地上部分 (mg/kg)	转运 系数
0	12.35±0.92d	10.39±0.86d	13.57±0.61d	11.90±0.74d	0.96
0.5	13.87±0.33d	12.04±0.74d	15.48±0.74d	13.66±0.75d	0.98
1	20.02±1.39c	20.80±0.99c	27.75±1.71c	24.00±1.32c	1.20
2	26.06±1.05b	26.64±1.22b	39.92±1.53b	32.87±1.39b	1.26
4	39.30±0.99a	42.33±2.35a	66.30±2.40a	53.24±2.40a	1.35

（四）DTPA 对牛膝菊镉积累量的影响

随着土壤中 DTPA 浓度的增加，牛膝菊的根系、茎秆、叶片、地上部分和整株镉积累量均有所增加（表 8-16）。在 0.5、1、2 和 4 mmol/kg 的 DTPA 处理条件下，牛膝菊根系镉积累量较对照分别增加了 11.70%（$P>0.05$）、58.35%（$P<0.05$）、102.81%（$P<0.05$）和 201.09%（$P<0.05$），地上部分镉积累量分别增加了 8.97%（$P>0.05$）、83.90%（$P<0.05$）、141.58%（$P<0.05$）和 264.72%（$P<0.05$），整株镉积累量分别增加了 9.42%（$P>0.05$）、79.66%（$P<0.05$）、135.14%（$P<0.05$）和 254.17%（$P<0.05$）。

表 8−16 DTPA 对牛膝菊镉积累量的影响

DTPA 浓度 （mmol/kg）	根系 （μg/株）	茎秆 （μg/株）	叶片 （μg/株）	地上部分 （μg/株）	整株 （μg/株）
0	6.41±0.41d	14.81±0.86d	17.42±0.38d	32.23±1.24d	38.64±1.65d
0.5	7.16±0.11d	16.42±0.77d	18.70±0.63d	35.12±1.40d	42.28±1.51d
1	10.15±0.50c	27.75±0.94c	31.52±1.59c	59.27±2.53c	69.42±3.03c
2	13.00±0.38b	33.51±0.89b	44.35±1.13b	77.86±2.02b	90.86±2.40b
4	19.30±0.39a	50.92±2.23a	66.63±1.95a	117.55±4.17a	136.85±4.55a

三、结论

土壤中施用 DTPA 后，牛膝菊的生物量随着土壤中 DTPA 浓度的增加而降低，其叶绿素 a、叶绿素 b、叶绿素总量和类胡萝卜素含量也随着 DTPA 浓度的增加而降低。DTPA 促进了牛膝菊对土壤镉的吸收，提高了牛膝菊的镉含量和镉积累量；在 DTPA 浓度为 4 mmol/kg 时，牛膝菊镉积累量最大。因此，DTPA 可以有效地提高牛膝菊对镉污染土壤的修复能力。

第四节 种植密度对植物修复的影响

一、试验材料与方法

（一）试验材料

试验用土为紫色土，取自四川农业大学雅安校区农场，其基本理化性质同第三章第二节牛膝菊试验用土。

球序卷耳幼苗于 2014 年 3 月采自四川农业大学雅安校区农场未被污染区域。

（二）试验方法

试验于 2014 年 2～4 月在四川农业大学雅安校区农场避雨棚中进行。2014 年 2 月，将土壤风干、压碎、过 5 mm 筛后，分别称取 3.0 kg 装于 15 cm×18 cm（高×直径）的塑料盆内，加入分析纯的 $CdCl_2 \cdot 2.5H_2O$ 溶液，使其镉浓度为 10 mg/kg，保持土壤的田间持水量为 80%，放置 1 个月。2014 年 3 月，将长势一致的 2 对真叶展开的球序卷耳幼苗移栽至盆中，种植密度分别为每盆 1、2、3、4 和 5 株，每个处理重复 3 次，每天浇水以保持盆中土壤的田间持水量为 80%。30 d 后，收获球序卷耳，分别测定光合色素（叶绿素 a、叶绿素 b 和类胡萝卜素）含量、生物量和镉含量，样品处理方法和指标测定方法同第三章第二节牛膝菊和稻槎菜试验，并计算根冠比和转运系数。

二、试验结果与分析

(一) 种植密度对球序卷耳单株生物量的影响

随着种植密度的增加，球序卷耳的单株根系、茎秆、叶片和地上部分生物量均有所减少（表 8—17）。当种植密度为 2、3、4 和 5 株/盆时，球序卷耳的单株根系生物量较每盆种植 1 株分别减少了 10.83%（$P<0.05$）、24.95%（$P<0.05$）、37.98%（$P<0.05$）和 44.77%（$P<0.05$），地上部分生物量分别减少了 22.53%（$P<0.05$）、24.62%（$P<0.05$）、29.28%（$P<0.05$）和 31.42%（$P<0.05$）。这些结果说明高密度种植对球序卷耳的生长有抑制作用，这是由于植株在有限的空间内发生了竞争。随着种植密度的增加，球序卷耳的根冠比先升高后降低，在种植密度为每盆 2 株时最大。

表 8—17　种植密度对球序卷耳单株生物量的影响

种植密度 （株/盆）	根系 （g/株）	茎秆 （g/株）	叶片 （g/株）	地上部分 （g/株）	根冠比
1	0.545±0.006a	1.498±0.011a	0.797±0.007a	2.295±0.018a	0.237
2	0.486±0.004b	1.141±0.008b	0.637±0.004b	1.778±0.013b	0.273
3	0.409±0.006c	1.104±0.006c	0.626±0.006b	1.730±0.011c	0.236
4	0.338±0.008d	1.086±0.007cd	0.537±0.008c	1.623±0.016d	0.208
5	0.301±0.007e	1.066±0.008d	0.508±0.010d	1.574±0.018e	0.191

(二) 种植密度对球序卷耳光合色素含量的影响

随着种植密度的增加，球序卷耳的叶绿素 a、叶绿素 b、叶绿素总量和类胡萝卜素含量均有所降低（表 8—18）。与每盆种植 1 株相比，种植密度为 2、3、4 和 5 株时，球序卷耳叶绿素 a 含量分别减少了 4.91%（$P>0.05$）、10.27%（$P<0.05$）、11.34%（$P<0.05$）和 11.70%（$P<0.05$）；叶绿素 b 含量分别减少了 2.33%（$P>0.05$）、11.33%（$P>0.05$）、12.33%（$P>0.05$）和 11.67%（$P>0.05$）；叶绿素总量含量减少了 4.37%（$P>0.05$）、10.49%（$P<0.05$）、11.55%（$P<0.05$）和 11.69%（$P<0.05$），类胡萝卜素含量分别减少了 6.25%（$P<0.05$）、11.00%（$P<0.05$）、12.25%（$P<0.05$）和 14.50%（$P<0.05$）。随着种植密度的增加，球序卷耳叶绿素 a/b 的大小顺序为：3 株>4 株>1 株>5 株>2 株。

表 8-18　种植密度对球序卷耳光合色素含量的影响

种植密度 （株/盆）	叶绿素 a （mg/g）	叶绿素 b （mg/g）	叶绿素总量 （mg/g）	类胡萝卜素 （mg/g）	叶绿素 a/b
1	1.120±0.012a	0.300±0.017a	1.420±0.028a	0.400±0.008a	3.733
2	1.065±0.020ab	0.293±0.005a	1.358±0.025ab	0.375±0.006b	3.635
3	1.005±0.027bc	0.266±0.024a	1.271±0.051b	0.356±0.009bc	3.778
4	0.993±0.013c	0.263±0.008a	1.256±0.005b	0.351±0.004c	3.776
5	0.989±0.042c	0.265±0.027a	1.254±0.069b	0.342±0.012c	3.732

（三）种植密度对球序卷耳镉含量的影响

随着种植密度的增加，球序卷耳的根系镉含量呈先增后降的趋势，而茎秆、叶片和地上部分镉含量则呈增加的趋势（表 8-19）。球序卷耳的根系镉含量在种植密度为 2 株/盆时最大，而茎秆、叶片和地上部分镉含量在种植密度为 5 株/盆时最大。与每盆种植 1 株相比，种植密度为 2、3、4 和 5 株/盆时球序卷耳根系镉含量分别增加了 43.29%（$P<0.05$）、39.76%（$P<0.05$）、35.26%（$P<0.05$）和 10.38%（$P>0.05$），地上部分镉含量分别增加了 6.96%（$P<0.05$）、17.43%（$P<0.05$）、24.51%（$P<0.05$）和 33.88%（$P<0.05$）。随着种植密度的增加，球序卷耳的转运系数呈先降后升的趋势，在种植密度为 2 株/盆时最小。

表 8-19　种植密度对球序卷耳镉含量的影响

种植密度 （株/盆）	根系 （mg/kg）	茎秆 （mg/kg）	叶片 （mg/kg）	地上部分 （mg/kg）	转运系数
1	228.82±15.81b	15.80±0.28b	22.84±0.93c	18.24±0.50c	0.080
2	327.88±17.14a	16.06±1.33b	25.70±0.71bc	19.51±1.11bc	0.060
3	319.80±21.50a	17.16±1.19b	28.92±1.53ab	21.42±1.29abc	0.067
4	309.50±14.85a	18.25±1.06ab	31.72±1.81a	22.71±1.28ab	0.073
5	252.58±10.49b	20.74±1.78a	32.14±1.22a	24.42±1.57a	0.097

（四）种植密度对球序卷耳单株镉积累量的影响

随着种植密度的增加，球序卷耳的单株根系和整株镉积累量呈先增后降的趋势，在种植密度为 2 株/盆时最大；茎秆和地上部分镉积累量则呈先降后增的趋势；叶片镉积累量则呈先降后增再降的趋势（表 8-20）。球序卷耳的单株根系镉积累量大小顺序为：2 株>3 株>1 株>4 株>5 株，茎秆镉积累量大小顺序为：1 株>5 株>4 株>3 株>2 株，叶片镉积累量大小顺序为：1 株>3 株>4 株>2 株>5 株。种植密度为 2、3、4 和 5 株/盆的球序卷耳的单株地上部分镉积累量较每盆种植 1 株均有所减少。球序卷耳的单株整株镉积累量大小顺序为：2 株>3 株>

1 株>4 株>5 株。与每盆种植 1 株相比，种植密度为 2 和 3 株/盆的球序卷耳的单株整株镉积累量分别增加了 16.48%（$P<0.05$）和 0.76%（$P>0.05$）；种植密度为 4 和 5 株/盆的球序卷耳的单株整株镉积累量分别减少了 15.08%（$P<0.05$）和 31.28%（$P<0.05$）。

表 8-20　种植密度对球序卷耳单株镉积累量的影响

种植密度（株/盆）	根系（μg/株）	茎秆（μg/株）	叶片（μg/株）	地上部分（μg/株）	整株（μg/株）
1	124.71±7.33b	23.67±0.25a	18.20±0.58a	41.87±0.83a	166.58±8.15b
2	159.35±6.94a	18.32±1.39c	16.37±0.34b	34.69±1.73b	194.04±8.66a
3	130.80±6.99b	18.94±1.22bc	18.10±0.79a	37.04±2.01b	167.84±8.99b
4	104.61±2.39c	19.82±1.03bc	17.03±0.70ab	36.85±1.73b	141.46±4.12c
5	76.03±1.37d	22.11±1.73ab	16.33±0.30b	38.44±2.02ab	114.47±3.39d

（五）种植密度对球序卷耳单盆镉积累量的影响

当种植密度分别为 2、3、4 和 5 株/盆时，球序卷耳的单盆根系镉积累量均高于种植密度为 1 株时的情况，其大小顺序为：4 株/盆>3 株/盆>5 株/盆>2 株/盆>1 株（表 8-21）。随着种植密度的增加，球序卷耳的单盆茎秆、叶片、地上部分和整株镉积累量均增加，最大值分别为（110.55±8.63）、（81.65±1.48）、（192.20±10.11）和（572.35±16.97）μg/盆，较每盆种植 1 株分别增加了 367.05%（$P<0.05$）、348.63%（$P<0.05$）、359.04%（$P<0.05$）和 243.59%（$P<0.05$）。

表 8-21　种植密度对球序卷耳单盆镉积累量的影响

种植密度（株/盆）	根系（μg/盆）	茎秆（μg/盆）	叶片（μg/盆）	地上部分（μg/盆）	整株（μg/盆）
1	124.71±7.33d	23.67±0.25e	18.20±0.58e	41.87±0.83e	166.58±8.15d
2	318.70±13.87c	36.64±2.77d	32.74±0.68d	69.38±3.45d	388.08±17.32c
3	392.40±20.96ab	56.82±3.65c	54.30±2.38c	111.12±6.02c	503.52±26.98b
4	418.44±9.56a	79.28±4.10b	68.12±2.80b	147.40±6.90b	565.84±16.46a
5	380.15±6.86b	110.55±8.63a	81.65±1.48a	192.20±10.11a	572.35±16.97a

三、结论

随着种植密度的增加，单株球序卷耳各器官生物量和光合色素含量下降，但其茎秆、叶片和地上部分镉含量均有所增加；球序卷耳的单盆茎秆、叶片、地上部分和整株镉积累量均增加。因此，高密度种植可提高球序卷耳对镉污染土壤的修复效率。

参考文献

AGUSTI M, ALMELA V, JUAN M, et al. Rootstock influence on the incidence of rind breakdown in "Navelate" sweet orange [J]. The Journal of Horticultural Science and Biotechnology, 2003, 78 (4): 554−558.

ALFVEN T, JARUP L, ELINDER C G. Cadmium and lead in blood in relation to low bone mineral density and tubular proteinuria [J]. Environmental Health Perspectives, 2002, 110 (7): 699−702.

BAKER A J M, BROOKS R R. Terrestrial higher plants which hyperaccumulate metallic elements-a review of their distribution, ecology and phytochemistry [J]. Biorecovery, 1989, 1 (2): 81−126.

BAKER A J M, PROTOR J, Van Balgooy M M J. Hyperaccumulation of nickel by the flora of ultramafics of Palawan, Republic of Philippines [C]. Proceeding of the First International Conference on Serpentine Ecology. Intercept Ltd: Andover, UK, 1996: 291−303.

BANUELOS G S, AJWA H A, MACKEY B, et al. Evaluation of different plant species used for phytoremediation of high soil selenium [J]. Journal of Environmental Quality, 1997, 26 (3): 639−646.

BIGWOOD D W, INOUYE D W. Spatial pattern analysis of seed bank: An improved method and optimized sampling [J]. Ecology, 1988, 69 (2): 497−507.

BROWN S L, CHANCY R L, ANGLE J S, et al. Zinc and cadmium uptake by hyperaccumulator *Thlaspi caerulescens* and metal tolerant Silene vulgaris grown on sludge-amended soil [J]. Environmental Science and Technology, 1995, 29 (6): 1581−1585.

BROWN S L, CHANEY R L, ANGLE J S, et al. Pytoremediation potential of *Thlaspi caerulescens* and bladder campion for zinc-and cadmium-ontaminated soil [J]. Journal of Environmental Quality, 1994, 23 (6): 1151−1157.

CHANEY R L, MALIK M, LI Y M, et al. Phytoremediation of soil metals [J]. Current Opinion in biotechnology, 1997, 8 (3): 279−284.

CIEŚLIńSKI G, NEILSEN G H, HOGUE E J. Effect of soil cadmium application and pH on growth and cadmium accumulation in roots, leaves and fruit of strawberry plants (*Fragaria* × *ananassa* Duch.) [J]. Plant and Soil, 1996, 180 (2): 267—276.

COVELO E F, VEGA F A, ANDRADE M L. Competitive sorption and desorption of heavy metals by individual soil components [J]. Journal of Hazardous Materials, 2007, 140 (1—2): 308—315.

DE ANDRADE S A L, DA SILVEIRA A P D, Jorge R A, et al. Cadmium accumulation in sunflower plants influenced by arbuscular mycorrhiza [J]. International Journal of Phytoremediation, 2008, 10 (1): 1—13.

DE ANDRADE S A L, JORGE R A, DA SILVEIRA A P D. Cadmium effect on the association of jack-bean (*Canavalia ensiformis*) and arbuscular mycorrhizal fungi [J]. Scientia Agricola (Piracicaba Braz), 2005, 62 (4): 389—394.

DUSHENKOV V, KUMAR P B A N, MOTTO H, et al. Rhizofiltration: the use of plants to remove heavy metals from aqueous streams [J]. Environmental Science and Technology, 1995, 29 (5): 1239—1245.

EHBS S D, LASAT M M, BRADY D J, et al. Phytoextraction of cadmium and zinc from a contaminated soil [J]. Journal of Environmental Quality, 1997, 26 (5): 1424—1430.

ERAKHRUMEN A A. Phytoremediation: an environmentally sound technology for pollution prevention, control and remediation in developing countries [J]. Educational Research and Reviews, 2007, 2 (7): 151—156.

FUENTES A, LLORNS M, SEZ J, et al. Comparative study of six different sludges by sequential speciation of heavy metals [J]. Bioresource Technology, 2008, 99 (3): 517—525.

FULEKAR M H, SINGH A, BHADURI A M. Genetic engineering strategies for enhancing phytoremediation of heavy metals [J]. African Journal of Biotechnology, 2009, 8 (4): 529—535.

GARCÍA G, FAZ Á, Cunna M. Performance of *Piptatherum miliaceum* (Smilo grass) in edaphic Pb and Zn phytoemediation over a short growth period [J]. International Biodeterioration and Biodegradation, 2004, 54 (2—3): 245—250.

HE J, LIN L J, MA Q Q, et al. Effects of mulching accumulator straw on growth and cadmium accumulation of *Cyphomandra betacea* seedlings [J].

Environmental Progress and Sustainable Energy, 2016, 36 (2): 366－371.

HE W X, CHEN H M, FENG G Y, et al. Study on enzyme index in soils polluted by mercury, chromium and arsenic [J]. Actaentiae Circumstantiae, 2000, 20 (3): 338－343.

HOODS P S, ALLOWAY B J. The effect of liming on heavy metal concentrations in wheat, carrots and spinach grown on previously sludge－applied soils [J]. Journal of Agricultural Science, 1996, 127 (3): 289－294.

IVONIN V M, SHUMAKOVA G E. Effect of industrial pollution on the condition of roadside shelterbelts [J]. Izvestiya Vysshikh Uchebnykh Zavedenii, Lesnoi Zhurnal, 1991, (6): 12－17.

KARLSSON T, ELGH－DALGREN K, BJÖRN E, et al. Complexation of cadmium to sulfur and oxygen functional groups in an organic soil [J]. Geochimica Et Cosmochimica Acta, 2007, 71 (3): 604－614.

KEELEY J E. Seed production, seed populations in soil, and seedling production after fire for two congenneric pairs of sprouting and nonsprouting chaparral shrubs [J]. Ecology, 1977, 58 (4): 820－829.

LEDIN M, KRANTZRULCKER C, ALLARD B. Zn, Cd and Hg accumulation by microorganisms, organic and inorganic soil components in multi－compartment systems [J]. Soil Biology and Biochemistry, 1996, 28 (6): 791－799.

LI J T, LIAO B, LAN C Y, et al. Zinc, nickel and cadmium in carambolas marketed in Guangzhou and Hong Kong, China: implication for human health [J]. Science of the Total Environment, 2007, 388 (1): 405－412.

LIGOCKI P, OLSZEWSKI T, SOWIK K. Heavy metal content of the soils, apple leaves, spurs and fruit from three experiment orchards [J]. Fruit Science Reports, 1988, 15 (1): 35－41.

LIN L J, CHEN F B, WANG J, et al. Effects of living hyperaccumulator plants and their straws on the growth and cadmium accumulation of *Cyphomandra betacea* seedlings [J]. Ecotoxicology and Environmental Safety, 2018, 155: 109－116.

LIN L, JIN Q, LIU Y, et al. Screening of a new cadmium hyperaccumulator, *Galinsoga parviflora*, from winter farmland weeds using the artificially high soil cadmium concentration method [J]. Environmental Toxicology and Chemistry, 2014, 33 (11): 2422－2428.

LIU Y, LIN C, WU Y. Characterization of red mud derived from a combined Bayer Process and bauxite calcination method [J]. Journal of Hazardous Materials, 2007, 146 (1): 255—261.

LOMBI E, ZHAO F J, DUNHAM S J, et al. Cadmium accumulation in populations of *Thlaspi caerulescens* and *Thlaspi geosingense* [J], New Phytologist, 2000, 145 (1): 11—20.

LUO L, MA Y B, ZHANG S Z, et al. An inventory of trace element inputs to agricultural soils in China [J]. Journal of Environmental Management, 2009, 90 (8): 2524—2530.

MA L Q, KOMAR K M, Tu C, et al. A fern that hyperaccumulates arsenic [J]. Nature, 2001, 409 (6820): 579.

MAENPAA K A, KUKKONEN J V K, LYDY M J. Remediation of heavy metal-contaminated soils using phosphorus: evaluation of bioavailability using an earthworm bioassay [J]. Archives of Environmental Contamination and Toxicology, 2002, 43 (4): 389—398.

MARQUES A P G C, RANGEL A O S S, CASTRO P M L. Remediation of heavy metal contaminated soils: phytoremediation as a potentially promising clean-up technology [J]. Critical Reviews in Environmental Science and Technology, 2009, 39 (8): 622—654.

MUNZUROĞLU Ö, GÜR N. The effects of heavy metals on the pollen germination and pollen tube growth of apples (*Malus sylvestris* Miller cv. Golden) [J]. Turkish Journal of Biology, 2000, 24 (3): 677—684.

NAIDU R, KOOKANA R S, SUMNER M, et al. Cadmium sorption and transport in variable charge soils: a review [J]. Journal of Environmental Quality, 1997, 26 (3): 602—617.

NIU M, WEI S, BAI J, et al. Remediation and safe production of Cd contaminated soil via multiple cropping hyperaccumulator *Solanum nigrum* L. and low accumulation Chinese cabbage [J]. International Journal of Phytoremediation, 2015, 17 (7): 657—661.

O'DELL R, SILK W, GREEN P, et al. Compost amendment of Cu−Zn minespoil reduces toxic bioavailable heavy metal concentrations and promotes establishment and biomass production of *Browmus carinatus* (Hook and Arn.) [J]. Environmental Pollution, 2007, 148 (1): 115—124.

OUYANG Y. Phytoremediation: Modeling plant uptake and contaminant transport in the soil-plant-atmosphere continuum [J]. Journal of Hydrology, 2002, 266 (1—2): 66—82.

POCIECHA M, LESTAN D. Using electrocoagulation for metal and chelant separation from washing solution after EDTA leaching of Pb, Zn and Cd contaminated soil [J]. Journal of Hazardous Meterials, 2010, 174 (1−3): 670−678.

RASKIN I, SMITH R D, SALT D E. Phytoremediation of metals: using plants to remove pollutants from the environment [J]. Current Opinion in Biotechnology, 1997, 8 (2): 221−226.

RASTMANESH F, MOORE F, KESHAVARZI B. Speciation and phytoavailability of heavy metals in contaminated soils in Sarcheshmeh area, Kerman Province, Iran [J]. Bulletin of Environmental Contamination and Toxicology, 2010, 85 (5): 515−519.

REEVES R D, MACFARLANE R M, BROOKS R R. Accumulation of nickel and zinc by Western North American genera containing serpentine − tolerant species [J]. American Journal of Botany, 1983, 70 (9): 1297−1303.

REEVES R D. Tropical hyperaccumulators of metals and their potential for phytoextraction [J]. Plant and Soil, 2003, 249 (1): 57−65.

ROBINSON B H, LEBLANC M, PETIT D, et al. The potential of *Thlaspi caerulescens* for phytoremediation of contaminated soils [J]. Plant and Soil, 1998, 203 (1): 47−56.

ROUT G R, SAMANTARAY S, DAS P. Differential cadmium tolerance of mung bean and rice genotypes in hydroponic culture [J]. Acta Agriculturae Scandinavica, Section B-Soil and Plant Science, 1999, 49 (4): 234−241.

RUGH C L, WILDE H D, Stack N M, et al. Mercuric ion reduction and resistance in transgenic *Arabidopsis thaliana* plants expressing a modified bacterial *merA* gene [J]. Proceedings of the National Academy of Sciences, 1996, 93 (8): 3182−3187.

RUHL E H, CLINGELEFFER P R, NICHOLAS P R, et al. Effect of rootstocks on berry weight and pH, mineral content and organic acid concentrations of grape juice of some wine varieties [J]. Animal Production Science, 1988, 28 (1): 119−125.

SALT D E, PRINCE R C, PICKERING I J, et al. Mechanisms of cadmium mobility and accumulation in Indian mustard [J]. Plant Physiology, 1995, 109 (4): 1427−1433.

SCHUSTER M, GRAFE C, HOBERG E, et al. Interspecific hybridization in sweet and sour cherry breeding [J]. Acta Horticulturae, 2013 (976): 79−86.

SHAH K, NONGKYNRIH J M. Metal hyperaccumulation and bioremediation [J]. Biologia Plantarum, 2007, 51 (4): 618—634.

SHEN Z G, ZHAO F J, MCGRATH S P. Uptake and transport of zinc in the hyperaccumulator *Thlaspi caerulescens* and the non-hyperaccumulator *Thlaspi ochroleucum* [J]. Plant Cell and Environment, 1997, 20 (7): 898—906.

SUN Y B, ZHOU Q X, WANG L, et al. Cadmium tolerance and accumulation characteristics of *Bidens pilosa* L. as a potential Cd-hyperaccumulator [J]. Journal of Hazardous Materials, 2009, 161 (2—3): 808—814.

SURESH B, RAVISHANKAR G A, Phytoremediation-a novel and promising approach for environmental clean-up [J]. Critical Reviews in Biotechnology, 2004, 24 (2—3): 97—124.

TANGAHU B V, ABDULLAH S R S, BASRI H, et al. A review on heavy metals (As, Pb, and Hg) uptake by plants through phytoremediation [J]. International Journal of Chemical Engineering, 2011, 2011: 1—31.

TAYLOR M D. Accumulation of cadmium derived from fertilizers in New Zealand soil [J]. Science of the Total Environment, 1997, 208 (1—2): 123—126.

TIAN H Z, CHENG K, WANG Y, et al. Temporal and spatial variation characteristics of atmospheric emissions of Cd, Cr, and Pb from coal in China [J]. Atmospheric Environment, 2012, 50: 157—163.

VAN DER VALK A G, DAVIS C B. The role of seed banks in the vegetation dynamics of prairie glacial marshes [J]. Ecology, 1978, 59 (2): 322—325.

VENEGAS M C, MARTÍNEZ—PENICHE R, Reyes M C, et al. Rootstock influences quality of "Ruby Seedless" table grape in Central-Northern Mexico [J]. Acta Horticulturae, 2001 (565): 125—130.

VISOOTTIVISETH P, FRANCESCONI K, SRIDOKCHAN W. The potential of *Thai indigenous* plant species for the phytoremediation of arsenic contaminated land [J]. Environmental Pollution, 2002, 118 (3): 453—461.

WANG S, WEI S, JI D, et al. Co-planting Cd contaminated field using hyperaccumulator *Solanum nigrum* L. through interplant with low accumulation welsh onion [J]. International Journal of Phytoremediation, 2015, 17 (9): 879—884.

WEI S H，ZHOU Q X，XIAO H，et al. Hyperaccumulative property comparison of 24 weed species to heavy metals using a pot culture experiment [J]. Environmental Monitoring and Assessment，2009，152（1—4）：299—307.

XIAO S，CHENG H，QIAN L，et al. Anthropogenic atmospheric emissions of cadmium in China [J]. Atmospheric Environment，2013，79（11）：155—160.

YOUSAF B，LIU G，WANG R，et al. Investigating the potential influence of biochar and traditional organic amendments on the bioavailability and transfer of Cd in the soil-plant system [J]. Environmental Earth Sciences，2016，75（5）：374.

ZHANG S R，LIN H C，DENG L J，et al. Cadmium tolerance and accumulation characteristics of *Siegesbeckia orientalis* L. [J]. Ecological Engineering，2013，51：133—139.

ZHANG X F，XIA H P，LI Z A，et al. Identification of a new potential Cd-hyperaccumulator *Solanum photeinocarpum* by soil seed bank-metal concentration gradient method [J]. Journal of Hazardous Materials，2011，189（1—2）：414—419.

ZUPAN M，EINAX J W，KRAFT J，et al. Chemometric characterization of soil and plant pollution：Part 1：Multivariate data analysis and geostatistical determination of relationship and spatial structure of inorganic contaminants in soil [J]. Environmental Science and Pollution Research，2000，7（2）：89—96.

白羽，黄莹莹，孔海南，等. 加拿大一枝黄花化感抑藻效应的初步研究 [J]. 生态环境学报，2012，21（7）：1296—1303.

鲍士旦. 土壤农化分析（第三版）[M]. 北京：中国农业出版社，2000.

鲍桐，廉梅花，孙丽娜，等. 重金属污染土壤植物修复研究进展 [J]. 生态环境，2008，17（2）：858—865.

卜范文，汤佳乐，杨玉，等. 湖南省猕猴桃果园土壤镉含量及镉吸收规律研究 [J]. 江西农业大学学报，2017，39（3）：468—475.

曹仕木，林武. 镉对草莓的毒害及调控 [J]. 福建热作科技，2003，28（1）：7—8.

曹应江，游书梅，蒋开锋，等. 籼型三系杂交稻稻米中重金属镉含量的杂种负优势效应及配合力、遗传力分析 [J]. 中国生态农业学报，2011，19（3）：668—671.

曾烨，牟蕴慧，甄灿福，等. 李、杏远缘杂交种的创造及其利用研究 [J]. 北方园艺，2000（6）：22—23.

曾咏梅，毛昆明，李永梅. 土壤中镉污染的危害及其防治对策 [J]. 云南农业大学学报，2005，20（3）：360—365.

陈婧，林振景，孟媛媛，等. 土壤重金属污染的植物修复及超富集植物的研究进展 [J]. 中国环境管理干部学院学报，2011，21（1）：69−71.

陈凌. 土壤镉污染的植物修复技术 [J]. 无机盐工业，2009，41（2）：45−47.

陈能场，郑煜基，何晓峰，等.《全国土壤污染状况调查公报》探析 [J]. 农业环境科学学报，2017，36（9）：1689−1692.

陈涛，吴燕玉，张学询，等. 张士灌区镉土改良和水稻镉污染防治研究 [J]. 环境保护科学，1980（1）：9−13.

陈兴兰，杨成波. 土壤重金属污染、生态效应及植物修复技术 [J]. 农业环境与发展，2010，27（3）：58−62.

陈印军，杨俊彦，方琳娜. 我国耕地土壤环境质量状况分析 [J]. 中国农业科技导报，2014，16（2）：14−18.

陈玉梅，和苗苗，宁咬莹，等. 蔬菜地重金属镉污染植物修复研究进展 [J]. 上海农业学报，2015（1）：110−117.

陈志伟，李兴华，周华松. 铜、镉单一及复合污染对蚯蚓的急性毒性效应 [J]. 浙江农业学报，2007，19（1）：20−24.

成杰民，俞协治，黄铭洪. 蚯蚓—菌根在植物修复镉污染土壤中的作用 [J]. 生态学报，2005，25（6）：1256−1263.

成杰民，俞协治，黄铭洪. 蚯蚓在植物修复铜、镉污染土壤中的作用 [J]. 应用与环境生物学报，2006，12（3）：352−355.

程晓建，王白坡，符庆功，等. 浙江省杨梅果实重金属含量水平及其评价 [J]. 江西农业大学学报，2006，28（1）：50−54.

丛泽，张宝元，刘永泉，等. 镉污染区居民的尿镉与死亡率研究 [J]. 国外医学（医学地理分册），2008，29（1）：41−43.

崔德杰，张玉龙. 土壤重金属污染现状与修复技术研究进展 [J]. 土壤通报，2004，35（3）：365−370.

丁园. 重金属污染土壤的治理方法 [J]. 环境与开发，2000，13（2）：25−28.

董霁红，卞正富，王贺封，等. 徐州矿区充填复垦场地作物重金属含量研究 [J]. 水土保持学报，2007，21（5）：180−182.

杜彩艳，祖艳群，李元. 石灰配施猪粪对 Cd、Pb 和 Zn 污染土壤中重金属形态和植物有效性的影响 [J]. 武汉植物学研究，2008，26（2）：170−174.

方文亮，杨振邦. 核桃杂交育种研究报告 [J]. 经济林研究，1987（S1）：228−233.

冯春雨，白红娟，肖根林，等. 重金属污染土壤的生物修复研究现状 [J]. 工业安全与环保，2010，36（4）：27－28.

伏小勇，秦赏，杨柳，等. 蚯蚓对土壤中重金属的富集作用研究［J］. 农业环境科学学报，2009，28（1）：78－83.

符燕. 陇海铁路郑州—商丘段路旁土壤重金属空间分布与污染分析［D］. 开封：河南大学，2007.

高本旺，周鸿彬. 生长素 IBA 对核桃室内嫁接愈合率的影响［J］. 湖北林业科技，2006（4）：17－19.

高茂盛，温晓霞，黄灵丹，等. 耕作和秸秆覆盖对苹果园土壤水分及养分的影响［J］. 自然资源学报，2010，25（4）：547－555.

高青海，陆晓民，贾双双. 不同作物秸秆还田对设施黄瓜生长及光合特性的影响［J］. 西北植物学报，2013，33（10）：2065－2070.

高译丹，梁成华，裴中健，等. 施用生物炭和石灰对土壤镉形态转化的影响［J］. 水土保持学报，2014，28（2）：258－261.

葛骁，魏思雨，郭海宁，等. 堆肥过程中腐殖质含量变化及其对重金属分配的影响［J］. 生态与农村环境学报，2014，30（3）：369－373.

谷绪环，金春文，王永章，等. 重金属 Pb 与 Cd 对苹果幼苗叶绿素含量和光合特性的影响［J］. 安徽农业科学，2008，36（24）：10328－10331.

顾继光，周启星，王新. 土壤重金属污染的治理途径及其研究进展［J］. 应用基础与工程科学学报，2003，11（2）：143－151.

郭燕梅. Cd 胁迫对杂交水稻及其亲本生理特性和 Cd 含量的影响［D］. 雅安：四川农业大学，2008.

韩鹃，廖明安，刘旭，等. 汉源金花梨果园土壤和果实中重金属元素含量的测定分析［J］. 北方园艺，2007（6）：34－36.

郝变青，马利平，秦曙，等. 苹果、梨、桃和枣 4 种水果 5 种重金属含量检测与分析［J］. 山西农业科学，2015，43（3）：329－332.

郝再彬，苍晶，徐仲. 植物生理学实验［M］. 哈尔滨：哈尔滨工业大学出版社，2004.

何飞飞，曾建兵，吴爱平，等. 改良剂修复利用镉污染菜地土壤的田间效应研究［J］. 中国农学通报，2012，28（31）：247－251.

何铁光，卢家仕，王灿琴，等. 罗汉果园覆盖方式的生态效应及其对果品产量及品质的影响［J］. 中国生态农业学报，2008，16（2）：387－390.

胡举伟，朱文旭，张会慧. 等. 桑树/苜蓿间作对其生长及土地和光资源利用能力的影响［J］. 草地学报，2013，21（3）：494－500.

华珞，陈世宝，白玲玉，等. 有机肥对镉锌污染土壤的改良效应［J］. 农业环境保护，1998，17（2）：55－59.

环境保护部，国土资源部. 全国土壤污染状况调查公报［J］. 中国环保产业，2014（5）：10−11.

黄文. 产表面活性剂根际菌协同龙葵修复镉污染土壤［J］. 环境科学与技术，2011，34（10）：48−52.

黄莹，景金泉，毛久庚，等. 南京市 3 种果园土壤重金属分布特征及污染评价［J］. 江西农业学报，2018，30（2）：112−122.

黄昀，李道高，赵中金，等. 丘陵紫色土不同柑桔品种对土壤重金属富集特征研究［J］. 中国南方果树，2005，34（5）：1−4.

吉玉碧. 贵州省农业土壤中镉的污染现状与分析研究［D］. 贵阳：贵州大学，2006.

贾乐，朱俊艳，苏德纯. 秸秆还田对镉污染农田土壤中镉生物有效性的影响［J］. 农业环境科学学报，2010，29（10）：1992−1998.

姜卫兵，庄猛，沈志军，等. 不同季节红叶桃、紫叶李的光合特性研究［J］. 园艺学报，2006，33（3）：577−582.

蒋先军，骆永明，赵其国. 镉污染土壤的植物修复及其 EDTA 调控研究Ⅰ. 镉对富集植物印度芥菜的毒性［J］. 土壤，2001，33（4）：197−201.

敬佩，李光德，刘坤，等. 蚯蚓诱导对土壤中铅镉形态的影响［J］. 水土保持学报，2009，23（3）：65−68，96.

寇永纲，伏小勇，侯培强，等. 蚯蚓对重金属污染土壤中铅的富集研究［J］. 环境科学与管理，2008，33（1）：62−64.

况琪军，夏宜，惠阳. 重金属对藻类的致毒效应［J］. 水生生物学报，1996，20（3）：277−283.

李波，林玉锁，张孝飞，等. 宁连高速公路两侧土壤和农产品中重金属污染的研究［J］. 农业环境科学学报，2005，24（2）：266−269.

李晶，凌其聪，严莎，等. 武汉市重工业区周缘环境中镉的分布及其危害性［J］. 长江流域资源与环境，2010，19（10）：1219−1225.

李明春，姜恒，侯文强，等. 酵母菌对重金属离子吸附的研究［J］. 菌物学报，1998，17（4）：367−373.

李凝玉，李志安，丁永祯，等. 不同作物与玉米间作对玉米吸收积累镉的影响［J］. 应用生态学报，2008，19（6）：1369−1373.

李秋玲，肖辉林. 土壤性质及生物化学因素与植物化感作用的相互影响［J］. 生态环境学报，2012，21（12）：2031−2036.

李小红. 不同砧木嫁接"矢富罗莎"葡萄生长特性及对 Cd 胁迫响应的差异［D］. 南京：南京农业大学，2010.

廖玉芬. 浅析重金属污染土壤的治理途径［J］. 中国农业信息，2016（17）：

3—4.

廖志文. 果园土壤覆盖方式及其作用 [J]. 湖北农业科学，1997（5）：45—47.

林海，康建成，胡守云. 公路周边土壤中重金属污染物的来源与分布 [J]. 科学，2014，66（4）：35—37.

刘磊，肖艳波. 土壤重金属污染治理与修复方法研究进展 [J]. 长春工程学院学报，2009，10（3）：73—78.

刘树堂，赵永厚，孙玉林，等. 25 年长期定位施肥对非石灰性潮土重金属状况的影响 [J]. 水土保持学报，2005，19（1）：164—167.

刘威，束文圣，蓝崇钰. 宝山堇菜（*Viola baoshanensis*）——一种新的镉超富集植物 [J]. 科学通报，2003，48（19）：2046—2049.

刘义国，林琪，房清龙. 旱地秸秆还田对小麦花后光合特性及产量的影响 [J]. 华北农学报，2013，28（4）：110—114.

刘昭兵，纪雄辉，王国祥，等. 赤泥对 Cd 污染稻田水稻生长及吸收累积 Cd 的影响 [J]. 农业环境科学学报，2010，29（4）：692—697.

刘子龙，鲁建江，张广军. 石河子葡萄主产区土壤重金属含量分析及污染评价 [J]. 西北林学院学报，2010，25（4）：14—18.

鲁如坤，财正元，熊礼明. 我国磷矿磷肥中镉的含量及其对生态环境影响的评价 [J]. 土壤学报，1992，29（2）：150—157.

罗娅君，王照丽，张露，等. 成绵高速公路两侧土壤中 4 种重金属的污染特征及分布规律 [J]. 安全与环境学报，2014，14（3）：283—287.

骆永明. 强化植物修复的螯合诱导技术及其环境风险 [J]. 土壤，2000，32（2）：57—61，74.

毛海立，杨波，龙成梅，等. 重金属镉超富集、富集植物筛选的研究进展 [J]. 黔南民族师范学院学报，2011，31（6）：4—9.

倪中应，姚玉才，章明奎. 短期施用不同粪源堆肥对果园土壤肥力与重金属积累的影响 [J]. 中国农学通报，2017，33（33）：106—112.

聂发辉. 关于超富集植物的新理解 [J]. 生态环境，2005，14（1）：136—138.

潘霞，陈励科，卜元卿，等. 畜禽有机肥对典型蔬果地土壤剖面重金属与抗生素分布的影响 [J]. 生态与农村环境学报，2012，28（5）：518—525.

庞荣丽，王瑞萍，谢汉忠，等. 农业土壤中镉污染现状及污染途径分析 [J]. 天津农业科学，2016，22（12）：87—91.

秦煊南，吴先礼. 矿质营养与砧木对 447 锦橙裂果的影响 [J]. 西南农业大学学报，1996，18（1）：51—55.

任秀娟，杨文平，程亚南. 植物富集效应与污染土壤植物修复技术［M］. 北京：中国农业科学技术出版社，2015.

沈倩，党秀丽. 土壤重金属镉污染及其修复技术研究进展［J］. 安徽农业科学，2015，43（15）：92-94.

宋宾涛，宋新战，赵丹. 螯合剂在镉污染土壤修复中的应用［J］. 科技展望，2017，27（3）：56-57.

苏亚勋，王素君，赵立伟，等. 天津市郊区果园土壤重金属镉污染状况调查试验研究［J］. 天津农业科学，2016，22（6）：20-22.

孙瑞莲，周启星. 高等植物重金属耐性与超积累特性及其分子机理研究［J］. 植物生态学报，2005，29（3）：497-504.

唐结明，姚爱军，梁业恒. 广州市万亩果园土壤重金属污染调查与评价［J］. 亚热带资源与环境学报，2012，7（2）：27-35.

屠乃美，郑华，邹永霞，等. 不同改良剂对铅镉污染稻田的改良效应研究［J］. 农业环境保护，2000，19（6）：324-326.

汪雅各，王玮，卢善玲，等. 客土改良菜区重金属污染土壤［J］. 上海农业学报，1990，6（3）：50-55.

王保军，杨惠芳. 微生物与重金属的相互作用［J］. 重庆环境科学，1996，18（1）：35-38.

王海慧，郁恒福，罗瑛，等. 土壤重金属污染及植物修复技术［J］. 中国农学通报，2009，25（11）：210-214.

王华，曹启民，桑爱云，等. 超积累植物修复重金属污染土壤的机理［J］. 安徽农业科学，2006，34（22）：5948-5950，6023.

王玲，王发园. 丛枝菌根对镉污染土壤的修复研究进展［J］. 广东农业科学，2012，39（2）：51-52.

王美，李书田. 肥料重金属含量状况及施肥对土壤和作物重金属富集的影响［J］. 植物营养与肥料学报，2014，20（2）：466-480.

王新，吴燕玉. 各种改性剂对重金属迁移、积累影响的研究［J］. 应用生态学报，1994，5（1）：89-94.

王新，周启星，陈涛，等. 污泥土地利用对草坪草及土壤的影响［J］. 环境科学，2003，24（2）：50-53.

魏树和，周启星，王新，等. 农田杂草的重金属超积累特性研究［J］. 中国环境科学，2004，24（1）：105-109.

吴迪梅. 河北省污水灌溉对农业环境的影响及经济损失评估［D］. 北京：中国农业大学，2003.

吴振旺，唐征，熊自力. 烯效唑对荸荠种杨梅控梢促花的效应［J］. 中国南方果树，2001，30（1）：30-31.

先惠，王爱平. 中药材中重金属污染现状以及防治措施［J］. 微量元素与健康研究，2013，30（4）：24-25.

肖振林，曲蛟，丛俏. 杨家杖子钼矿区周边果园土壤和水果中重金属污染评价［J］. 吉林农业科学，2011，36（3）：58-60.

邢艳帅，乔冬梅，朱桂芬，等. 土壤重金属污染及植物修复技术研究进展［J］. 中国农学通报，2014，30（17）：208-214.

熊庆娥. 植物生理学实验教程［M］. 成都：四川科学技术出版社，2003.

熊仕娟，徐卫红，谢文文，等. 纳米沸石对土壤 Cd 形态及大白菜 Cd 吸收的影响［J］. 环境科学，2015，36（12）：4630-4641.

徐良将，张明礼，杨浩. 土壤重金属镉污染的生物修复技术研究进展［J］. 南京师大学报（自然科学版），2011，34（1）：102-106.

徐明岗，刘平，宋正国，等. 施肥对污染土壤中重金属行为影响的研究进展［J］. 农业环境科学学报，2006，25（S1）：328-333.

徐晔. 施用稻草秸秆与工程菌对 Cu、Cd 污染土壤生物化学性质的影响［D］. 武汉：华中农业大学，2011.

薛高尚，胡丽娟，田云，等. 微生物修复技术在重金属污染治理中的研究进展［J］. 中国农学通报，2012，28（11）：266-271.

杨定清，周娅，雷绍荣，等. 攀西地区主要水果基地土壤和水果镉污染评价［J］. 西南农业学报，2008，21（3）：699-701.

杨景辉. 土壤污染与防治［M］. 北京：科学出版社，1995.

杨静，胡世玮，王欢，等. 杨凌果园土壤重金属累积现状与风险评价［J］. 陕西农业科学，2015，61（10）：71-74.

杨兰，李冰，王昌全，等. 长期秸秆还田对德阳地区稻田土壤镉赋存形态的影响［J］. 中国生态农业学报，2015，23（6）：725-732.

杨启良，武振中，陈金陵，等. 植物修复重金属污染土壤的研究现状及其水肥调控技术展望［J］. 生态环境学报，2015，24（6）：1075-1084.

杨仁斌，曾清如，周细红. 植物根系分泌物对铅锌尾矿污染土壤中重金属的活化效应［J］. 农业环境保护，2000，19（3）：152-155.

杨玉，尹春峰，汤佳乐，等. 长沙和株洲地区葡萄园土壤重金属含量分析及污染评价［J］. 湖南农业科学，2017（8）：41-44.

于立红，王鹏，于立河，等. 地膜中重金属对土壤—大豆系统污染的试验研究［J］. 水土保持通报，2013，33（3）：86-90.

张凤荣. 土地保护学［M］. 北京：科学出版社，2006.

张桂玲. 秸秆和生草覆盖对桃园土壤养分含量、微生物数量及土壤酶活性的

影响 [J]. 植物生态学报，2011 (12)：1236−1244.

张虹，郭俊明，袁盛勇，等. 果树对重金属吸收能力的研究 [J]. 江苏农业科学，2008 (4)：269−270，287.

张秀芝，郭江云，王永章，等. 不同砧木对富士苹果矿质元素含量和品质指标的影响 [J]. 植物营养与肥料学报，2014，20 (2)：414−420.

张燕. 试论农业生态修复技术在农田土壤重金属污染中的应用 [J]. 环境与可持续发展，2015，40 (5)：136−137.

张自坤，张宇，黄治军，等. 嫁接对铜胁迫下黄瓜根际土壤微生物特性和酶活性的影响 [J]. 应用生态学报，2010，21 (9)：2317−2322.

赵春燕，孙军德，宁伟，等. 重金属对土壤微生物酶活性的影响 [J]. 土壤通报，2001，32 (2)：93−94.

赵小虎，刘文清，张冲，等. 蔬菜种植前施用石灰对土壤中有效态重金属含量的影响 [J]. 广东农业科学，2007，43 (7)：47−49.

赵晓军，陆泗进，许人骥，等. 土壤重金属镉标准值差异比较研究与建议 [J]. 环境科学，2014，35 (4)：1491−1497.

赵杨迪，潘远智，刘碧英，等. Cd、Pb 单一及复合污染对花叶冷水花生长的影响及其积累特性研究 [J]. 农业环境科学学报，2012，31 (1)：48−53.

赵佐平. 陕西苹果园土壤污染现状评估分析 [J]. 北方园艺，2015 (11)：192−196.

甄宏. 沈大高速公路两侧土壤重金属污染分布特征研究 [J]. 气象与环境学报，2008，24 (2)：6−9.

郑茂坤，谢婧，王仰麟，等. 深圳市农林土壤重金属累积现状及风险评价研究 [J]. 生态毒理学报，2009，4 (5)：726−733.

郑明霞，冯流，刘洁，等. 螯合剂对土壤中镉赋存形态及其生物有效性的影响 [J]. 环境化学，2007，26 (5)：606−609.

郑少玲，陈琼贤，马磊，等. 施用生物有机肥对芥蓝及土壤重金属含量影响的研究 [J]. 农业环境科学学报，2005，24 (S1)：62−66.

周江涛. 苹果砧木对重金属镉吸收、富集及耐受机制研究 [D]. 沈阳：沈阳农业大学，2017.

周礼恺. 土壤酶学 [M]. 北京：科学出版社，1987.

周启星，吴燕玉，熊先哲. 重金属 Cd−Zn 对水稻的复合污染和生态效应 [J]. 应用生态学报，1994，5 (4)：438−441.

周青，黄晓华，施国新，等. 镉对 5 种常绿树木若干生理生化特性的影响 [J]. 环境科学研究，2001，14 (3)：9−11.

周薇. 柑橘镉胁迫耐受性及其生理研究 [D]. 重庆：西南大学，2014.

周焱. 加强肥料规范化管理 控制蔬菜重金属污染 [J]. 环境污染与防治，2003，25（5）：281－282，285.

朱佳文，邹冬生，向言词，等. 钝化剂对铅锌尾矿砂中重金属的固化作用 [J]. 农业环境科学学报，2012，31（5）：920－925.

朱建武. 龙眼暖冬季节控冬梢促纯花穗技术措施 [J]. 广西热作科技，1999（1）：11－12.

朱奇宏，黄道友，刘国胜，等. 石灰和海泡石对镉污染土壤的修复效应与机理研究 [J]. 水土保持学报，2009，23（1）：111－116.

庄伊美. 柑橘营养与施肥 [M]. 北京：中国农业出版社，1994.